市街地土壌汚染問題の政治経済学

佐藤克春

旬報社

はしがき

　土壌汚染はストック汚染（蓄積性汚染）である。高度成長期に一定対策が進んだ水質汚濁や大気汚染とは異なり，有害物質の排出（フロー）を止めたからといっても，ただちに被害はなくならない。有害物質の長年にわたる排出が，蓄積したものがストック汚染である。1970年代，工業国における有害物質のフローの対策は，一定進んだ。だが，長年蓄積されたストック汚染の処理は，ひきつづき21世紀も環境問題における重要な課題であり続けよう。日本においては，休廃止鉱山による農用地汚染の処理はいまだに終わらず，水域における底質（ヘドロ）の処理は手がつけられていない。環境汚染に関わる諸領域でも，とりわけ対策が遅かったのが，市街地における土壌汚染である。

　日本における市街地土壌汚染の顕在化は，1974年の東京都6価クロム事件に始まる。1979年のアメリカにおけるラブカナル（Love Canal）事件の5年前である。ラブカナル事件が，その後CERCLA（Comprehensive Environmental Response, Cleanup and Liability Act：通称スーパーファンド法）の制定に結びついたのに対して，日本における市街地土壌汚染の立法化は2002年と遅れた。日本において市街地土壌汚染が注目されたのは，産業空洞化が顕著に進んだ1990年代からである。都市部において工場遊休地が増加し，その転用が図られる中，多くの土地から有害物質による土壌汚染が見つかった。2000年の土壌環境センターによる推計によると，汚染調査が望まれる事業所数は約44万ヵ所，土壌汚染対策費用は13兆3,000億円とされた（土壌環境センター[2000]）。日本における土壌汚染の潜在的な広がりを受けて，2002年にはようやく土壌汚染対策法（土対法）が制定された。

　土対法は調査・処理の面で，いわば最低限の規定しか持たないものであった。それは土対法が当初から，不動産取引における汚染サイトの扱いをルール化したものに過ぎなかったからである。だが，土対法の想定を超える形で，特に都市部において土壌汚染の自主的な調査・処理が行われ，原状回復に向けた汚染土の処理が行われている。他方で，地方においては調査のメスが入らず，塩漬

けとなっている汚染地が相当数あると予想される。日本の市街地土壌汚染処理は，まだら状なのである。

　こうした中，市街地土壌汚染の処理をめぐって，たびたび社会的紛争が起こる。その多くが，「どのくらいまでキレイにするのか？」という問いに端を発する。この問いは，キレイにするための費用を捻出できるのか，という問いにつながる。つまり，処理水準と費用負担のあり方が問われているのである。

　本書の目的は，日本における市街地土壌汚染の処理水準と費用負担の実態を明らかにすることである。処理水準は，どの土壌汚染の処理方法が採用されるかに左右される。土壌汚染の処理方法は多岐にわたる，汚染土を掘削し場外に搬出し処理を行う掘削除去から，汚染土を現地に残したうえで舗装・覆土を行う封じ込めなどがある。2002年に土対法が制定され，日本において市街地土壌汚染の処理ルールが定められ，2009年には改正土対法が制定された。こうした中，市街地土壌汚染の処理水準をめぐって以下のような議論が出ている。

　土対法の改正について検討を行った中央環境審議会［2008］では，現在実施されている土壌汚染処理において，原状回復となる掘削除去が多く採用されていることに対して，「合理的な対策」が必要としている（中央環境審議会［2008］p. 3）。つまり，高額な費用をかけた掘削除去が多数採用されていることは非効率的であり，より処理水準の低い処理方法で十分だというのである。

　こうした見解が出てくる背景の一つには，日本におけるブラウンフィールドの潜在がある。日本より約20年早く市街地を含んだ土壌汚染立法をしたアメリカでは，ブラウンフィールドは「有害物質，汚染物質，又は混入物質の存在，潜在的存在が，再開発・再利用に困難をきたしている不動産」（*Small Business Liability Relief and Brownfields Revitalization Act. SEC211. (a)`(39)`(A)*）と定義されている。つまり，土壌汚染の存在によって，用途転換のできない塩漬けの土地である。アメリカでは，45万ヵ所以上がブラウンフィールドだと言われている。日本においては，高額の費用を要する原状回復につながる処理方法が採用される慣行があるため，土地の再利用が進まないという見方である。

　また，こうした見解の理論的の背景には，リスク評価論の政策利用という発想がある。土壌汚染にかかわる健康リスクを定量化し，それに応じた処理方法

を選択するべきというものである。さらに，健康リスクに基づく処理方法の選択を行うために，「リスクコミュニケーションの充実」が掲げられる。つまり，土壌汚染にかかわる過大なリスク認識によって，高額な掘削除去が採用されており，それらの是正のためには「土壌汚染のリスクと合理的対策に関する認識の普及啓発」（中央環境審議会［2008］p. 10）が必要というのである。この発想を換言すれば，「専門家による健康リスクの定量化と，素人に対する説得」となるだろう。そして「経済学」に課せられるのは，健康リスクの定量化に基づいた費用効果分析と費用便益分析となろう。

　しかし，こうした環境リスク論を直接的に現実の市街地土壌汚染に政策利用するのは困難である。結論を先取りして言えば，むしろ問題となるのは，費用便益分析と費用効果分析の基礎となるリスク評価のあり方であり，不確実性を含んだリスク分配の不平等である。そして不確実性を含むリスクを受け入れるかどうかの，意思決定の手続きなのである。リスクの受け入れの手続きには，当該リスクが本当に確証性のあるリスクなのかが，リスクの受け入れ手に明らかにされなければならない。ゼロリスクでない状態を受け入れるには，クリアされなければならない諸課題があるのである。これに伴い「リスクコミュニケーション」の内容が，書き換えられなければならない。

　また，処理水準は費用負担のあり方に影響を受ける。現在の日本の市街地土壌汚染は，地価が高く高額な処理でも費用を回収できる都市部で汚染地の自発的処理が進み，一方で地価の低い地方で放置される市場評価型のものである。こうした中では，リスクの情報自体が予算制約の下で明らかにされず，潜在的なリスク負担が見過ごされてしまうおそれがある。

　本書では，現実の処理水準・費用負担が，どのように決定されているのか，各ケースで詳細に検討する。処理水準・費用負担をめぐる予算制約・法的諸制度・政治経済的な力関係・交渉力を含めて政治経済学的に分析する。Kapp［1950］が指摘したように，社会的費用の計測には社会的評価が必要であり，それは一定の価値観の提示が避けられないものである。現実の市街地土壌汚染をめぐる紛争では，一定の価値判断に基づく立場性と，社会的評価がまさに問われているのである。それは新古典派経済学のように，客観・価値中立的な

（実はこれが大きな問題である）リスクの定量化に基づき，最適処理水準を求め，政策的にそれを強いるという方法はとらない。本書が政治経済学たるゆえんである。主に東京都における市街地土壌汚染の事後処理を検討する。そして現在行われている対策が，今後の汚染防止につながるか，また，汚染地住民を含んだ社会的紛争を解消する方向で向かうのか，批判的に検討する。本書の構成は以下である。

第1章では，土壌汚染のメカニズムとその被害経路について述べる。そのうえで，土壌汚染にかかわる多岐にわたる諸対策，及び現在日本における政策諸制度について述べる。こうした作業を通じて，市街地土壌汚染の位置づけを明確化する。

第2・3章は理論編である。市街地土壌汚染の現場では，処理水準，つまりどの処理方法を選択するかが問われる。第2章では，環境経済学における処理水準にかかわる代表的な理論を取り上げ，市街地土壌汚染への適用の是非を検討しよう。メインとなる対象理論は，健康リスクを定量化したうえでの経済的評価の是非である。つまり確率的生命・確率的生命価値と，費用便益分析，費用効果分析への適用についてである。費用便益分析，費用効果分析の基礎となるリスク評価について批判的に検討よう。その上で，リスク評価には不確実性が伴い，費用効果分析による一方的なリスクの押し付けは社会的に是認できないことを述べる。

第3章は費用負担について述べる。汚染の問題にかかわる代表的な費用負担の理論をサーベイする。PPP（Polluter Pays Principle：汚染者負担原則），そして直接的な汚染者以外に費用負担を求めるPPP拡張論というべき一連の議論について概観した。さて，市街地土壌汚染において重要な費用が，取引費用である。土壌汚染は過去の汚染行為に起因することが多いため，汚染者の発見自体に費用を要することが多い。また，有害物質の発見・調査といったリスクの定量化自体に費用がかかる。取引費用にかかわる議論としては，Coase［1988］の一連の議論，そしてCalabresi［1970］による最安価損害回避者の議論を見ていく。

第4～7章は実態編であり，日本の市街地土壌汚染の諸ケースについて検討

する。これらは日本の市街地土壌汚染対策史ともなっている。

　第4章では，日本における市街地土壌汚染のファーストケースである東京都6価クロム事件における処理の実態と費用負担について検討する。本事件は1974年に発覚したもので，江東区・江戸川区の広範囲にわたる土壌汚染であり，数多くの地権者の敷地にまたがるものであった。市街地土壌汚染の処理制度がない中，広範な世論を背景に，東京都が汚染者負担を迫った。その結果，一定の汚染者負担が実現したが，その処理方法は有害物質が現地に残る封じ込めであった。発覚から30年以上が経った今なお，処理のあり方が問われ続けており，その歴史的教訓を示そう。

　東京都6価クロム事件の発覚から約25年が過ぎた21世紀には，市街地土壌汚染の存在は広く世に知られることとなり，社会的対応が要請されることとなった。2002年には土壌汚染対策法が制定され，市街地土壌汚染の処理ルールが一定整備された。第5章では，その下での東京都23区における土壌汚染の処理の実態について検討する。東京都は2001年に「都民の健康と安全を確保する環境に関する条例（以下，環境確保条例）」を制定し，一定面積の土地改変時に土壌汚染調査を義務付けている。第5章では，この汚染調査義務に基づき提出された東京都23区における土壌汚染処理事例を集計・分析する。2003年には土対法が施行されたが，調査・処理の面で緩い規定しか持ちえていない。だが，土対法の緩やかな規定を上回る形で，都心部では事業者によって原状回復に近い汚染処理が高額な費用を要して行われている。土対法の想定する処理水準と，実際の処理水準とは大きな差が存在することを明らかにする。そのうえで，現行の日本型の市街地土壌汚染の処理制度を提示しよう。

　第6章では，ダイオキシン類による市街地土壌汚染のケーススタディとして，東京都北区豊島5丁目団地における処理の実態について検討しよう。重金属や揮発性有機化合物とは異なり，ダイオキシン類による土壌汚染は，「ダイオキシン類対策特別措置法」の枠組みで処理がなされる。2004年に顕在化した本ケースは，市街地における初のダイオキシン類による土壌汚染であり，そこでの法の適用の実態を見てみよう。本ケースの特徴は，ダイオキシン類による広範な汚染であり，その性状としては同一であるにもかかわらず，隣り合

わせの地所によって，異なる処理方法・処理水準が採用されている点である。処理のギャップの実態と，その制度的要因を示そう。

第7章では，築地市場の移転予定地である東京都江東区豊洲の土壌汚染処理を検討しよう。豊洲は東京ガスの都市ガス工場跡地であり，深刻な土壌汚染地であった。東京都は豊洲の汚染を処理したうえで，築地市場を移転する計画を進めている。だが，市街地土壌汚染の処理のあり方について，この問題ほど世論を巻き込んで議論が起こった事例はない。それは，日本の生鮮食品卸売市場の中で，抜群のブランド力を持つ築地市場が，有害物質の残存のおそれのある豊洲に，何故わざわざ移転しなければならないのか，という問いかけであった。土壌汚染を含めた市場移転の是非は，2007年以来，国政・都政選挙及び議会で常に争点となっている。東京都は，健康リスクを定量化したうえで，リスク管理として有害物質の一部封じ込めを含んだ処理方法を採用した。そのうえで，市場として安全・安心が担保できるとしている。だが，ゼロリスクではない豊洲への移転反対の声は，依然根強い。その背景には，リスク評価に伴う不確実性が存在する。リスクの受け入れには同意が必要であり，一定の手続きが必須である。ケースに即したリスクコミュニケーションの書き換えについて述べよう。

第8章では，2009年に改正された土対法について検討しよう。旧土対法は調査・処理の要件が緩く，第5章で見るように，都市部における自発的な原状回復処理と，法の想定の間で乖離が存在する。本改正では，こうした乖離を一定埋めるため，調査対象の拡大，汚染地の新たなカテゴライズなどを行った。だが，本改正によって市街地土壌汚染の適切な処理は進むのか，条文・施行令・施行規則及び審議会資料から検討しよう。

第9章では，第4～8章での分析をふまえ，日本の市街地土壌汚染処理制度の特徴を述べる。そのうえで，日本の市街地土壌汚染処理制度の改革論について提言する。

最後に補章として，福島第1原発事故による土壌汚染について，筆者らが行ってきた福島県川内村および南相馬市における除染の実態調査を記す。本事件は日本最大の土壌汚染事件となった。放射性物質による低線量・長期間曝露

による健康被害の科学的不確実性が問われる中，多くの人々が「移住するか」「帰還するか」という極めて困難な問いに直面している。科学的不確実性を含んだリスクを受け入れるか否かの意志決定の際，地域社会及び住民の選択権が保証されなければならないし，地元自治体・住民の交渉力が担保されなければならない。まさに「リスクコミュニケーション」の書き換えが必要な事態となっている。

目　次

はしがき　3

第1章　市街地土壌汚染とは何か ―――――――――― 15
- 1.1　土壌汚染とは何か……………………………………………… 15
- 1.2　土壌汚染にかかわる諸対策…………………………………… 19
- 1.3　日本における土壌汚染の諸対策……………………………… 21
- 1.4　市街地土壌汚染問題の位置づけ……………………………… 41

第2章　市街地土壌汚染の処理費用と処理水準 ―――― 45
- 2.1　社会的費用論の展開…………………………………………… 46
- 2.2　市街地土壌汚染にかかわる諸費用…………………………… 50
  - 2.2.1　市街地土壌汚染にかかわる社会的損失(使用価値レベルでの被害)　50
  - 2.2.2　市街地土壌汚染にかかわる諸費用　51
- 2.3　市街地土壌汚染の処理費用と処理水準……………………… 55
- 2.4　処理水準をどのように設定するか？………………………… 59
- 2.5　リスク評価論の政策利用の批判的検討……………………… 64
- 2.6　リスクコミュニケーション…………………………………… 72
- 補節　アメリカのCERCLAにおけるHow Clean is Clean問題…… 79

第3章　汚染問題の費用負担原理 ―――――――――― 83
- 3.1　土壌汚染対策の費用負担主体………………………………… 83
- 3.2　費用負担に関する経済理論…………………………………… 85
  - 3.2.1　PPP（Polluter Pays Principle: 汚染者負担原則）　85
  - 3.2.2　コースの定理と取引費用　95

3.2.3 カラブレジによる最安価損害回避者　99

第4章　東京都6価クロム事件　封じ込め処理の帰結 ── 105

4.1　6価クロムの生産と廃棄 ……………………………………… 106
4.2　東京都によるPPPの推進 …………………………………… 110
4.3　協定の帰結 …………………………………………………… 113
4.4　処理対策の実態 ……………………………………………… 115
4.5　協定外の処理対策 …………………………………………… 120
4.6　費用負担の実態 ……………………………………………… 121
4.7　東京都6価クロム事件が示唆するもの …………………… 125
　　　　誰がどのくらい処理するのか？

第5章　旧土壌汚染対策法と東京都23区における ── 129
　　　　市街地土壌汚染の処理
　　　　日本型の土壌汚染処理

5.1　旧土壌汚染対策法の下での土壌汚染調査 ………………… 130
5.2　旧土壌汚染対策法における処理責任と処理の実態 ……… 131
5.3　「都民の健康と安全を確保する環境に関する条例(環境確保条例)」…… 133
5.4　環境確保条例における届出の集計結果 …………………… 134
　　　　東京都23区における土壌汚染対策の実態
5.5　東京都23区における市街地土壌汚染対策の特徴 ………… 140
5.6　日本型の市街地土壌汚染処理 ……………………………… 141
　　　　旧土対法の枠外の処理を含めた日本型の土壌汚染処理

第6章　東京都北区五丁目団地におけるダイオキシン汚染 ── 143
　　　　処理水準のギャップ

6.1　人口密集地でのダイオキシン類の土壌汚染の発覚 ……… 143
6.2　ダイオキシン類対策特別措置法 …………………………… 147
6.3　処理水準のギャップ ………………………………………… 149
6.4　ギャップの要因 ……………………………………………… 158

6.5　ダイオキシン類による市街地土壌汚染処理の制度設計 ……………… 161

第7章　築地市場移転予定地の東京都豊洲における土壌汚染 ── 163
　　　　　求められるリスクコミュニケーション

7.1　汚染の経緯と発覚 ……………………………………………………… 166
7.2　東京都による追加対策 ………………………………………………… 169
　　7.2.1　専門家会議による調査と処理方法の提案　169
　　7.2.2　技術会議による処理方法の提案　175
7.3　移転反対派は何を危惧するのか ……………………………………… 179
7.4　手続き上の問題点 ……………………………………………………… 182
7.5　費用負担と新市場予定地の買取価格 ………………………………… 185
7.6　対立の焦点 ……………………………………………………………… 187
　　　　　リスク評価に伴う不確実性とリスク受け入れの立場性
7.7　求められるリスクコミュニケーション ……………………………… 190

第8章　改正土壌汚染対策法の批判的検討 ── 195

8.1　旧土壌汚染対策法 ……………………………………………………… 195
8.2　中央環境審議会答申と土壌環境施策に関するあり方懇談会 ……… 197
8.3　改正土壌汚染対策法 …………………………………………………… 201
8.4　改正土壌汚染対策法の批判的検討 …………………………………… 204

第9章　市街地土壌汚染問題の政治経済学 ── 209

9.1　各ケースの諸特徴 ……………………………………………………… 209
9.2　日本の市街地土壌汚染処理制度の諸特徴 …………………………… 214
9.3　日本の市街地土壌汚染処理制度の改革論 …………………………… 220

補章　福島第1原発事故による土壌汚染の除染の現状 ── 233
　　　　　南相馬市・川内村における汚染状況重点調査地域の除染事例から

補.1　特措法に基づく汚染状況重点調査地域と進捗状況の差 ………… 234

補.2　南相馬市の現状　ガイドラインとの対立 ……………………………… 236
補.3　川内村の現状　ガイドラインに沿ったスピード除染 ……………………… 238

参考文献・資料　241
あとがき　255

第1章　市街地土壌汚染とは何か

　日本において市街地土壌汚染問題は1990年代に顕在化したが，土壌汚染自体は大気や水といった汚染問題の中でも長い歴史を持ち，様々な対策が行われてきた。第1章では，そもそも土壌汚染とは何か，そして土壌汚染に関わる諸対策を述べる中で，市街地汚染問題の位置づけを明確化しよう。

　1.1では，土壌汚染とその被害経路について述べる。土壌汚染がどのように発生し，環境汚染を引き起こし，人体へ被害を与えるのか，そのメカニズムについて述べる。1.2では，土壌汚染にかかわる諸対策について述べよう。現在，全国には膨大な市街地土壌汚染が既に存在し，その事後処理が求められている。だが，事後処理がうまくいくには，新たな土壌汚染の発生を防止する必要がある。土壌汚染にかかわる事前・事後の諸対策について述べる。1.3では，日本における土壌汚染に関連する諸制度について述べる。日本には，2002年に制定された土壌汚染対策法以外にも，多くの土壌汚染にかかわる諸制度が存在する。市街地土壌汚染問題は，廃棄物政策と密接に関わり，それらの失敗の結果，今日顕在化している問題である。

1.1　土壌汚染とは何か

土壌汚染とは

　土壌汚染とは，重金属・揮発性有機化合物・ダイオキシン類・放射性物質などが，人体や生態系に対して害を及ぼす状態で，土壌・地層に存在していることである。

　土壌とは正確には，地殻の表面において岩石・気候・生物・地形ならびに土地の年代といった土壌生成要因の総合的な相互作用によって生成する岩石圏の変化生成物であり，多少とも腐植・水・空気・生きている生物を含みかつ肥沃

度を持った，独立の有機－無機自然体である（浅見［2001］）。土壌は，地球の長い年月にわたり岩石が風化したものと，植物・動物の遺体や排泄物を土壌中の生物が分解したもの，そして水との生成物である。土壌は全陸地平均で約20㎝しかない。しかし一般に土壌汚染という用語は，地層のほんの上層の土壌だけでなく，地層全体における汚染を指して用いられている。本論では，土壌という用語を，地層全体を指したものとして用いる。

　土壌汚染は主に人為的な行為から発生する。土壌汚染をもたらす有害物質は，揮発性有機化合物やダイオキシン類といった本来自然界に存在しない物質から，人間が工業利用のために自然界から取り出した物質まで様々である。後者については，代表的なものとして金属鉱山から出るカドミウム・銅などの重金属，ウラニウムなどの放射性物質が挙げられる。これらは元々地質に存在していたものであり，人為的に地表に出されない限り，人体や生態系に被害をもたらさない。主に人為的な要因によって，有害物質が人体・生態系に対して被害を及ぼす形で，土壌・地層に移動された状態が，土壌汚染なのである。

土壌汚染をもたらす有害物質

　土壌汚染をもたらす有害物質は多様である。大まかに分類すると，揮発性有機化合物（Volatile Organic Compounds：以下 VOC）・重金属・農薬類・ダイオキシン類・油類・放射性物質に分かれる。

　揮発性有機化合物は，常温常圧で空気中に揮発する有機化合物の総称である。トリクロロエチレン・ベンゼンなどが代表的である。油脂類の溶解能力が高く，分解しにくく安定していて燃えにくいため，精密機械工場などで使用される。揮発性有機化合物は水に溶け出しやすいものが多く，各地で地下水汚染引き起こしている。また大気中への拡散する場合もある。土壌環境基準では第１種特定有害物質として，11種が指定されている。

　重金属とは，比重が水（１g/㎤）の４～５倍以上ある金属である。その多くは，体内に蓄積すると健康被害をもたらす。鉛・カドミウム・水銀・クロムなどである。主な排出源は，金属鉱山や工場である。重金属の中には，水に溶け出しやすいものもあり，地下水や河川を通じて移動し，汚染をもたらす場合が

ある。土壌環境基準では第2種特定有害物質として9物質が指定されている。

　農薬類も土壌環境基準に，第3種特定有害物質として5種類が指定されている。但し，超過件数は他の特定有害物質に比してきわめて少ない。

　ダイオキシン類とは，有機塩素化合物で，かつポリ塩化ジベンゾパラジオキシン類（PCDD）・ポリ塩化ジベンゾフラン（PCDF）・コプラナーPCBの総称である。非常に微量で，人体・環境に影響を及ぼす。代表的な排出源は，農薬工場・廃棄物焼却場である。

　油類は，日本の土壌環境基準の項目に含まれていない。しかし，土壌中に浸透した場合の有害性は高い。ガソリンスタンドの地下タンクからの漏洩などが危惧されている。だが，対応としては中央環境審議会土壌農薬部会　土壌汚染技術基準等専門委員会［2006］「油汚染対策ガイドライン－鉱油類を含む土壌に起因する油臭・油膜問題への土地所有者等による対応の考え方－」によって指導されているにとどまる。

　放射性物質である。放射性物質とは，放射線を放出する物質である。土壌汚染のその他の原因物質との違いでの特徴は，放射性物質自身の自然減衰以外では，その量が減らないという点である。2011年3月の福島第1原発事故をきっかけとして，東日本の広範囲が放射性物質によって汚染された。2014年現在，様々な除染方法が存在するが，それらは放射性物質を何らかの形で取り除き，取り除いた放射性物質を人間の健康に影響のない形で保管するものである。よってとりまとめて隔離することが基本となる。福島第1原発事故以前の土壌汚染としては鳥取・岡山県境の人形峠におけるウラン・ラドン汚染がある。日本初のウラン鉱山である人形峠では，1958～1987年にわたって一時中断を経てウラン鉱石の採掘が続けられた。こうした採掘に伴う残土からの放射線による環境汚染が問題となった（土井・小出［2001］）。

土壌汚染の被害経路

　有害物質はどのような形で排出され，土壌汚染としての被害をもたらすのだろうか。土壌汚染の経路を概念的にまとめると図1.1のようになる。

　排出源から出された有害物質は，直接に投棄され土壌汚染を引き起こす場合

図 1.1　土壌汚染における有害物質の人間への経路

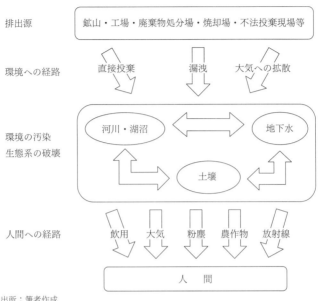

出所：筆者作成

もあれば，地下水や河川水に溶け出すことによって，他所の土壌を汚染する場合がある。土壌はいわばスポンジのようなもので，多量の水分を含んでおり，地下水・河川等と絶えず交じり合っている。そのため，土壌汚染は環境中の水循環と関連させてとらえなければならない。

　土壌汚染の特徴は，その蓄積性にある。環境中のあらゆる物質は長い年月をかけて代謝・循環を続けている。大気汚染や水質汚染が起こり，何らかの発生源対策がなされた場合に，自然の循環・代謝作用のため大気や河川水における有害物質は徐々に希釈されてゆく。しかし土壌は，こうした循環・代謝作用のいわば滞留所であり，その希釈スピードは遅々としたものである。土壌汚染の場合は，有害物質の環境中への放出（フロー）を止めたからといって，汚染状態が改善されるわけではない。ゆえに，土壌汚染は蓄積性（ストック）汚染なのである。

　ところで，河川や海洋におけるヘドロ（底質）汚染も同様に蓄積性汚染であ

る。高度成長期に，日本では河川・海洋の汚染が問題となり，その後一定の対策がとられ水質はある程度改善した。しかし，河川・海洋のヘドロへの本格的な対策は，水俣湾など一部を除き，依然なされていない。有害物質の行き着く先が，蓄積性汚染なのである。

　では，土壌汚染は人体に対してどのような経路で被害をもたらすのであろうか。第1に，土壌からの有害物質の直接摂取である。汚染された土壌を幼児が遊んで口に入れてしまう場合や，土壌が粉塵に乗って人体に取り込まれる場合である。第2に，地中から次第に揮発し大気から人体に取り込まれる場合である。揮発性有機化合物などに，その恐れがある。第3に，飲用水を通じた健康被害である。地中に投棄された有害物質が地下水に乗って移動し，他所の井戸から有害物質が検出される場合である。また，汚染土壌から有害物質が河川に流れ込み，その河川水を飲む場合も考えられる。イタイイタイ病では河川水からの飲用による摂取も問題となった。第4に，農畜産物からの摂取である。有害物質が河川水や地下水から田畑に流れ込み，農用地を汚染する場合がある。当地で生育した有害物質を含んだ農畜産物を人体に摂取することにより，健康被害が発生する。本論で検討する市街地土壌汚染は，主に第1～3までの経路が問題となる。

　なお，こうした人体被害に先立って有害物質による土壌・地下水環境そのものの汚染があり，多くの場合，生態系の破壊を伴う。生態系の保全という観点からは，有害物質の排出源から土壌・地下水環境への放出そのものが，土壌汚染なのである。

1.2　土壌汚染にかかわる諸対策

　では，土壌汚染に対して，どのような対策が必要となってくるのか。一口に土壌汚染の対策と言っても，有害物質の排出の様態に応じて，異なった対策が求められる。図1.2を基に見てみよう。以下の①②が土壌汚染の未然防止，③④⑤が事後処理に当たる。

　①有害物質の発生抑制：土壌汚染の原因となる有害物質を量的・質的に減ら

図1.2 土壌汚染にかかわる有害物質の経路と諸対策

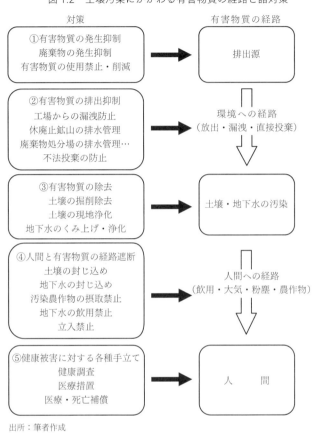

出所：筆者作成

してゆく。廃棄物の発生抑制や，有害物質を安全な物質へ代替していくことなどがある。究極的には有害物質の使用禁止になるであろう。

②有害物質の排出抑制：有害物質の環境中への流出による土壌汚染の発生そのものを抑制する対策である。いわゆる発生源対策に当たる。工場から敷地内外に排出される有害物質の漏洩防止措置，排水対策などが典型である。その他には，休廃止鉱山からの鉱毒水の処理が挙げられる。休廃止鉱山における鉱毒水管理の多くは，半永久的に行わなければならない。廃棄物の最終処分場にお

いては，有害物質が漏れ出さないようなメンテナンスが必要である．また，廃棄物が野放図に捨てられることのないような，廃棄物の適正処理もこれに当たる．

③有害物質の除去：上述の対策が失敗した結果発生した土壌汚染そのものを除去する対策であり，原状回復である．典型例が，汚染土そのものの掘削除去である．有害物質そのものを他所に持っていくので，現地には汚染は残らない，単純かつ明快な処理方法である．技術的に可能な場合には，有害物質の現地浄化や，地下水をくみ上げての浄化などがある．これらは掘削除去に比して，浄化に一定の期間を要する．有害物質の除去の前提として，発生抑制・排出抑制が適正になされており，新たな有害物質の流入がないことが必要である．

④有害物質と人間との経路遮断：これは，地中に有害物質を残したまま，それらの人間への暴露経路を遮断しようというものである．土壌・地下水の封じ込め・遮断がその典型である．その他は，汚染地下水の飲用禁止，汚染農作物の摂取禁止などが挙げられる．これら対策では，土壌汚染そのものは依然として残るため，曝露経路の遮断が適切になされているかのメンテナンスが長期間にわたり必要になってくる．また，有害物質と人間との経路が主眼となるので，生態系保全や土壌環境の保全としては不十分な対策である．

⑤健康被害に対する各種手立て：有害物質が人体へと到達してしまった場合には，各種の健康被害を緩和・補償するための対策が必要となる．有害物質の曝露と健康被害との関連を調べる健康調査がまず必要となる．健康被害が発生した場合には具体的な医療措置が，不可逆的な健康被害あるいは死亡に至った場合には，補償支出などの代替的な対策が必要となる．

1.3　日本における土壌汚染の諸対策

市街地土壌汚染に先立って，日本ではこれまでどのような形で土壌汚染対策が行われてきたのだろうか．土壌汚染は，日本における公害の中でも古い歴史を持つ（表1.1）．ここでは，日本の土壌汚染に関わる諸制度とその下での対策を概観し，市街地土壌汚染の位置づけを確認しよう．

表 1.1　日本における土壌汚染にかかわる対策年表

1873 年	「日本坑法」制定。
1877 年	足尾銅山の操業開始。
1890 年代	渡良瀬川洪水の頻発，被害農民による請願運動。
1892 年	栃木県「渡良瀬川沿岸被害原因調査ニ関スル農科大学ノ報告」を刊行。
1900 年	川俣事件発生，鉱害反対運動の激化。
1901 年	松木村の廃村化　田中正造による天皇直訴。
1905 年	「鉱業法」の制定。
1939 年	「鉱業法」の改正，無過失賠償制度の導入。
1954 年	「清掃法」の制定。
1961 年	婦中町医師，萩野昇がイタイイタイ病のカドミウム説を発表。
1968 年	厚生省研究班，イタイイタイ病のカドミウム説を発表。
1970 年	「農用地の土壌汚染の防止等に関する法律（農用地土壌汚染防止法）」の制定。 「廃棄物の処理及び清掃に関する法律（廃棄物処理法）」の制定，産業廃棄物の排出者責任の導入。 「水質汚濁防止法」の制定。
1971 年	イタイイタイ病地裁判決，患者の全面勝訴。 「休廃止鉱山鉱害工事費補助金制度」の導入。
1972 年	イタイイタイ病高裁判決，三井の控訴棄却。三井金属と被害者が，「公害防止協定」・「医療補償協定」・「土壌汚染問題に関する誓約書」を結ぶ。 「水質汚濁防止法」改正，無過失賠償責任の導入。
1973 年	「金属鉱業等鉱害対策特別措置法」の制定。
1974 年	東京都 6 価クロム事件の発覚。
1977 年	「最終処分場の技術上の基準」を設定，届出の対象となる。
1979 年	東京都 6 価クロム事件，「鉱さい土壌の処理に関する協定」を締結。
1980 年	アメリカ，「CERCLA（スーパーファンド法）」の制定
1984 年	兵庫県太子町の東芝太子工場で地下水汚染が発覚。
1986 年	「市街地土壌汚染に係る対策指針」を策定　国有地のみが対象，重金属 9 項目のみが対象。
1987 年	千葉県君津市の東芝コンポーネンツ君津工場をはじめとして，全国で VOC による地下水汚染が発覚。
1989 年	「水質汚濁防止法」改正，事業者による有害物質の地下浸透規制の導入。
1990 年	「有害物質が蓄積した市街地等の土壌を処理する際の処理目標」を設定。 香川県豊島で大規模不法投棄が発覚。
1991 年	「土壌環境基準」の設定。
1992 年	神奈川県秦野市，「地下水汚染の防止及び浄化に関する条例」を制定。
1993 年	「水質環境基礎基準」に VOC を追加。
1994 年	「土壌・地下水の調査・対策指針」の策定。 「土壌環境基準」に VOC を追加。
1996 年	「水質汚濁防止法」改正，都道府県知事による汚染地下水浄化の措置命令規定の導入。
1997 年	「地下水環境基準」の設定。 廃棄物処理法改正　不法投棄地の原状回復のための基金制度の導入。 大阪府能勢町の焼却場でダイオキシン類による土壌汚染が発覚。
1999 年	青森・岩手県境で大規模不法投棄が発覚。 「地下水環境基準」が改正。硝酸性窒素・亜硝酸性窒素・ふっ素・ほう素を追加。 「ダイオキシン類対策特別措置法」の制定。
2000 年	環境庁「土壌環境保全対策の制度の在り方に関する検討会」発足。 大阪アメニティーパーク（OAP）における土壌汚染の発覚。
2001 年	東京都，「都民の健康と安全を確保する環境に関する条例」に土壌汚染の調査義務を追加。
2002 年	「土壌汚染対策法」の制定。
2003 年	「産廃特措法」の制定。
2006 年	「油汚染対策ガイドライン」の策定。 東京都江東区豊洲の築地市場移転予定地の土壌汚染の発覚。
2009 年	「土壌汚染対策法」の改正。
2011 年	福島第 1 原発事故の発生。 「平成 23 年 3 月 11 日に発生した東北地方太平洋沖地震に伴う原子力発電所の事故により放出された放射性物質による環境の汚染への対処に関する特別措置法」の制定。

出所：筆者作成

鉱害としての土壌汚染

　日本では，近世から土壌汚染が問題化している。主に，金属鉱山からの鉱廃水が河川に流れ込み，それらが田畑に沈殿し，作物の育成に影響が出るというものであった。

　近代に入ると，金属鉱山由来の環境被害はより深刻になった。当時，日本の主な輸出産業は銅鉱業であり，足尾・別子・小坂・日立の四大銅山がそれを牽引していたが，それと引き換えに被害は甚大だった。田畑に流れ込む重金属による土壌汚染だけではなく，金属製錬に伴う煙害も深刻化した。鉱山と製錬所付近では特に煙害が，そして有害物質が流された中・下流域では田畑での土壌汚染が問題となり，各地で農民との紛争に発展している。これら鉱業に伴う環境被害は鉱害と呼ばれた（写真1.1）。

　日本における近代の鉱業の発展にもかかわらず，鉱害に伴う損害賠償の規定は明記されていなかった。1873年に制定された日本坑法，及び1905年に制定された鉱業法に至るまで，鉱害賠償に関しては何ら規定されていない。鉱害による損害に対しては，多くが迷惑料・見舞金の名目で鉱業権者によって慣行的に支払われていたにすぎなかった。別子・小坂・日立煙害事件では損害賠償契約が結ばれるが，それは被害者と鉱業者との長い紛争・交渉を経たものであった。鉱害賠償制度は，1939年の鉱業法の一部改正によって，ようやく法に明記される。但しその内容は，事後的な金銭賠償の規定が主であり，汚染の予防措置，発生源対策については2次的な扱いであった。結局，鉱業法に基づく無過失賠償責任が適用されるのは，イタイイタイ病の判決があった1970年代まで待たねばならなかった（畑 [1997] p. 143）。

健康被害に至った農用地土壌汚染：イタイイタイ病の発生

　金属鉱山から排出される有害物質は，全国各地で農産物の生育を妨げる土壌汚染を引き起こしてきた。その中でも，有害物質による土壌汚染が，最終的に人間の健康被害をもたらしたのがイタイイタイ病であった。

　イタイイタイ病は，慢性カドミウム中毒による骨軟化症をはじめとした各種の健康被害である。この原因物質であるカドミウムの排出源は，岐阜県の三井

写真 1.1 （左）足尾銅山からの煙害によって消滅した松木村跡地（2005 年筆者撮影）と（右）神岡鉱業製錬所と神通川上流の高原川（2008 年筆者撮影）

金属鉱業の神岡鉱山であった。当初，神岡鉱山は鉛・亜鉛を産出していた。亜鉛鉱石にはカドミウムが含まれており，亜鉛製錬に伴い発生したカドミウムを含む大量の汚泥や工場廃水が，神通川に流された。その結果，下流の農用地の土壌（主に水田）が汚染された。そしてカドミウムによって汚染された米を大量に摂取した農民に，イタイイタイ病が発症したのであった。

神通川流域の豊かな稲作地帯である富山県婦中町では，1912 年頃からイタイイタイ病が発生していたといわれる（畑［1994］p. 19）。しかし，当事は奇病・業病としての扱いであった。第 2 次大戦後にも引き続き患者が現れたが，栄養不良に伴う骨軟化症としか認識されていなかった。しかし 1961 年に，富山県婦中町の萩野昇医師がイタイイタイ病のカドミウム説を提唱したのを弾みに，1967 年には患者団体が結成された。患者団体は三井金属鉱業と賠償交渉をするが決裂，その後三井金属鉱業を提訴した。1971 年の地裁判決，1972 年の高裁判決は患者の全面勝利であり，死者に 1,200 万円，患者に 960 万円の損害賠償を支払うよう三井金属鉱業に命じた。

その後，患者団体と三井金属鉱業と直接交渉を行い，「イタイイタイ病の賠償に関する誓約書」，「土壌汚染問題に関する誓約書」，「公害防止協定」を結んだ。イタイイタイ病患者の完全救済，農産物被害の補償と汚染土壌の復元，及び再汚染を防止する発生源対策を目指すものであった。神通川流域の汚染農用地の処理事業はこれまで約 1,000ha にのぼる。処理の開始から約 30 年経った

写真 1.2 （左）神岡製錬所の排水処理施設（2006 年 8 月筆者撮影）と（右）神岡鉱山の和佐保堆積場（2008 年 8 月筆者撮影）

2011 年にようやく完了した。他方，患者団体・弁護士・研究者による立入調査を基本とする発生源対策は，40 年以上にわたって続いている（写真 1.2）。その結果，鉱山・製錬所下流の神通川のカドミウム濃度は，自然界レベルにまで下がっている。だが，依然として工場敷地の土壌には大量のカドミウムが存在し，環境中への流出を防ぐための対策が長期にわたって必要である。

農用地土壌汚染防止法と金属鉱業等鉱害対策特別措置法

　1968 年に厚生省がイタイイタイ病の原因はカドミウムにあるという見解を出したことがきっかけとなって，全国の金属鉱山や製錬所周辺でのカドミウム，銅，ヒ素等の重金属による農用地の土壌汚染が顕在化した。それに対応する形で，1970 年に農用地の土壌汚染の防止等に関する法律（農用地土壌汚染防止法）が制定され，国や都道府県による汚染農用地の調査と対策が行われるようになった。対策地域は全国にわたる。金属鉱山が存在していた地域には，概ね農用地汚染があるという状況である（図 1.3）。法に基づく対策地域として指定されたのは，全国 72 地域，6,577ha にのぼる。このうち対策が完了し，全面的に指定解除されたのが 53 地域，部分的に指定解除されたのが 11 地域で，合計 5,702ha にのぼる。依然として 875ha が対策中である（環境省　水・大気環境局［2010b］）。処理方法の多くは，汚染された表土と未汚染の深い土を入れ替える天地換えと，客土である（写真 1.3）。本法の下では，対策地域の指

定は都道府県知事が行い，客土等の汚染土壌対策の施工は国または都道府県が行う．費用負担に関しては，公害防止事業費事業者負担法に定められている．

図 1.3 農用地土壌汚染対策地域位置図（環境省　水・大気環境局［2010b］，p. 11）

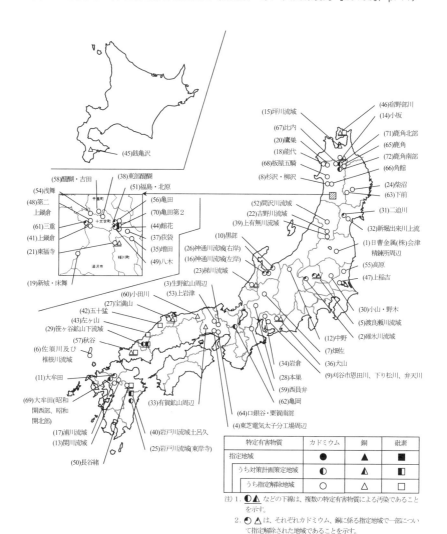

写真1.3 （左）富山市の汚染田の処理工事と（右）処理工事後の田（2006年筆者撮影）

　ここでは一定の汚染者負担を定めているが，「自然汚染分」や「不存在事業者」などの事由により，汚染者負担を減額する多くの規定が盛り込まれている。その結果，汚染者負担分は概ね半分以下にとどまる（吉田［1998］pp. 209-210）。

　汚染された農用地の処理を進めると同時に，農用地への新たな有害物質の流入を防止しなくてはならない。日本全国にはかつて7,000を超える鉱山が存在し，その多くが既に操業を終え，休廃止の状態となっている（通商産業省立地鉱害局総務課・鉱山課［1973］）。こうした休廃止鉱山からの重金属などの流出防止策が必要である。具体的には，坑口・堆積場の閉鎖，鉱毒水の中和・流出防止，周辺の植生の回復などを，半永久的に行わなければならない。発生源対策にあたっては，金属鉱業等鉱害対策特別措置法が1973年に制定されている。鉱山の採掘権者に，発生源対策のための積立金を拠出させ，対策を実施させるものである。

　だが，日本の金属鉱山の多くは，事業者が鉱業権を既に放棄しているものが大半であり，鉱害防止事業を実施する主体がない義務者不存在という状態になっている。1971年には特別措置法に先立ち，休廃止鉱山鉱害工事費補助金制度が創設された。義務者不存在の休廃止鉱山に対して地方自治体が行う発生源対策について，国から補助金を拠出するものである。発生源対策に要する費用の4分の3を国が補助し，残り4分の1を地方公共団体が負担する。また，1981年には，義務者が存在する場合でも，「自然汚染」や「他者汚染」の寄与

率に基づき，国からの補助金が適用される（吉田［1998］pp. 222-226・大塚［1994a］p. 77・関［2011］）。その結果，これまで1,000億円以上が国の負担で発生源対策に投じられている（休廃止鉱山鉱害防止対策研究会［2010］p. 3）。

清掃法の下での土壌汚染の発生抑制

　これまで見てきたように，1970年代前半までの土壌汚染問題は，鉱山由来の鉱害であり，その他の発生源からの土壌汚染は，あまり意識されてこなかったといえる。とはいえ，工場由来の廃棄物に関する規定が無かったわけではない。

　1954年に制定された清掃法では，汚物の処理について一定の規定が存在する。清掃法は対象とする廃棄物を「汚物」とし，「ごみ，燃えがら，汚でい，ふん尿及び犬，ねこ，ねずみ等の死体」と規定している（清掃法3条）。また，清掃法7条では，大量の汚物を排出する土地所有者・占有者に対して，市町村長が指定する場所へ衛生的な処理を行うよう指示できるとされている。

　この汚物の規定は，地域住民が生活上排出するいわば「ごみ」を対象とするものであり，工場から排出される多様な有害廃棄物に対処できるものではなかった。専ら生活環境の公衆衛生が，法律の目的だった。清掃法7条の市町村長による適正処理の指示も実行力のあるものではなかった。1971年度の公害白書によると，市町村長は適正処理に関する命令権限を持ってはいるが，日量100万tにのぼると推定される産業廃棄物のほとんどの処理は，排出者に事実上任されていた。そして処理実態はほとんど明らかでないとされている（総理府編［1971］13章・小澤［2010］p. 46）。

　つまり，この時期の工場から出る有害廃棄物の処理は，事実上排出者に任されていたと考えられる。その結果，多くの有害物質が未処理のまま地中へ投棄され，今日の土壌汚染に結びついている。

廃棄物処理法の下での土壌汚染の発生抑制

　高度成長に伴い，廃棄物は質的にも量的に変化した。1970年には廃棄物の

処理及び清掃に関する法律（廃棄物処理法）が制定された。廃棄物処理法では，廃棄物が一般廃棄物と産業廃棄物に区分され，産業廃棄物の排出者責任が明記されることとなった（廃棄物処理法11条）。また廃棄物処理法施行令において，埋め立て処分の基準が定められた（制定当事の廃棄物処理法6条3項，12条2項，施行令3条4項，6条1項）。埋め立て処分に際して，事前の許可や届出は必要が無かったことから，適正処理がどの程度なされていたかは不明である（小澤[2010] pp. 46-47）。

　6価クロム事件をきっかけとして，1977年に，ようやく最終処分場が届出の対象となり，最終処分場の技術上の基準も定められた（廃棄物処理法施行令5条2項，7条14号，一般廃棄物の最終処分場及び産業廃棄物の最終処分に係る技術上の基準を定める命令（1977年総理府・厚生省令1号））。廃棄物の種別によって，安定型・管理型・遮断型と区分された処分場に埋め立てられることとなった。最終処分場が届出による事前審査の対象となったことから，廃棄物として排出される有害物質の野放図な投棄に，一定のしばりがかけられることとなった。但し，土壌汚染の未然防止という点からすると，1990年代までの廃棄物処理法は，種々の問題を抱えていた。

　第1に，工場敷地内への有害物質の投棄・漏洩の防止については，実効性のあるものとはなっていなかった点である。廃棄物の定義をめぐっては，その占有者の意志に基づくものであるべきか，客観的なものに基づくべきものか，または両者をもって総合的に判断すべきなのか，議論の対象となってきた（桑原[2003] p. 67・北村[2014]）。自社敷地内において，他人から見れば廃棄物としか見えないものであっても，その占有者が「廃棄物ではない」と抗弁することにより，その放置が見過ごされてきたからである。また，廃棄物処理法では，廃棄物の自社敷地での扱いについて，「産業廃棄物保管基準」で地下浸透を禁止していた（1970年の廃棄物処理法12条3項，及び廃棄物処理法施行規則8条2項）。しかし，1980年代から明らかになったハイテク工場におけるVOCによる地下水汚染を防止できなかったことから，その実効性は低かったと言わざるをえない。廃棄物処理法に基づく適正処理を求められる有害物質は，工場敷地外に運び出されるものに焦点があてられていたと言える。今日，高度

成長期に稼動していた工場敷地の多くで，かつて自社から排出された有害物質による土壌汚染が発覚しているのは，このためである。

　第2に，度重なる不法投棄の発生である。廃棄物処理法の下では，度々不法投棄が発生しており，それらは深刻な土壌汚染を引き起こしている。1990年に発覚した香川県豊島における大規模不法投棄事件をはじめとして，全国で数十万㎥クラスの不法投棄が十数か所発覚している。また，安定型処分場に安定5品目以外の有害物質が投棄されるケースも数多く存在する。こうしたことから，処分場の建設・運用をめぐって，周辺住民との間での紛争が全国各地で起こっている。こうした事態を引き起こした要因として，先の「廃棄物」の定義の不適切さ，処理業者の監督の甘さなどが指摘されている。とりわけ多くの論者に指摘されているのが，排出者責任の不徹底である。廃棄物処理法の下では，排出者は，自ら産廃の収集・運搬・処分を行わなくとも，処理業者に委託できるとされている（1970年制定の廃棄物処理法12〜14条）。処理業者に委託してしまえば，その後不法投棄が行われたとしても，排出者の法的責任は遮断されてしまう。その後，廃棄物処理法の 1977・1997・2000 年改正で，排出者責任は順次強化されてきた（吉岡［1977］p. 4・桑原［2003］pp. 68-69・大塚［2010］）。特に2000年改正では，排出事業者が適正料金を負担しておらず，不法投棄が行われることを知り又は知りうべきとき等に，排出者責任が問えることになった。とはいえ，これら法改正以前に行われた不法投棄では，不法投棄を実行した処理業者が既に存在しないケース，又は処理費用を負担することが出来ないケースが度々発生している。

　第3に，土壌汚染という観点からは，廃棄物の最終処分場への埋め立て自体についても注意しなければならない。環境基準を超える有害物質を含む廃棄物は，鉄筋コンクリート製のプールである遮断型処分場に埋め立てられるが，コンクリートの耐用年数は約40〜50年であり，経年劣化により割れ目から漏水などを起こす。絶対に漏水しないような，永久に安全な埋め立て最終処分場は，技術的に不可能という指摘もある（畑［2001］p. 134）。長期的に見ると，廃棄物処分場自体が土壌汚染源に転化する可能性を持っている。

写真 1.4 （左）青森・岩手県境不法投棄現場と（右）建設中の汚水処理施設（2004 年筆者撮影）

大規模不法投棄地の処理事業：産廃特措法

　前述のように，1990 年代に全国各地で大規模な産廃の不法投棄が発覚した。そこでは深刻な土壌・地下水汚染が発生しており，その膨大な後処理が行われている。1990 年には香川県豊島で 59.8 万㎥，1999 年には青森・岩手県境では青森県側 73.1 万㎥，岩手県側 35.2 万 t（写真 1.4）と，大規模不法投棄が続発している。

　不法投棄による汚染の事後処理の際，不法投棄を直接行った処理業者が，既に存在しない，または処理費用の負担能力がないという場合がほとんどである。こうした事態に対して，1997 年に廃棄物処理法が改正され，産業界・国拠出の基金制度が創設された。1998 年 6 月以降に都道府県知事が行政代執行する処理事業の事業費の 4 分の 3 以内の費用を，支援するものである。1998 年 6 月以前に発生した不法投棄については，都道府県へ事業費の 3 分の 1 以内が国からの補助金として支出されることとなった（関［2006］・神戸［2009］p. 213）。

　しかし，その後の大規模不法投棄の続発，とりわけ青森・岩手県境の大規模不法投棄の発覚を契機として 2003 年，特定産業廃棄物に起因する支障の除去等に関する特別措置法（以下，産廃特措法）が制定された。1998 年 6 月以前の不法投棄の処理事業に対して，環境省が同意した際に（産廃特措法 4 条 4 項），国庫補助率を引き上げるものである。産業廃棄物適正処理推進センターが，国の拠出からなる基金から，都道府県等が行う処理事業に対して，有害廃棄物の場合は事業費の 2 分の 1，有害廃棄物以外の場合は 3 分の 1 以上を補助

表 1.2 大規模不法投棄事件と産廃特措法に基づく除去事業

地域	発覚年	廃棄物量（万㎥）	廃棄物種別	有害物質種別	処理方法	処理費用（億円）
香川県豊島	1990	59.8	シュレッダーダスト・汚泥・燃え殻など	重金属・VOC	全量撤去	520.0
三重県桑名市五反田（1次）	1997	3.0	燃え殻・金属くず・汚泥・廃油など	VOC	封じ込め・地下水浄化	2.8
秋田県能代市	1998	101万t	汚泥・がれき・燃え殻・ドラム缶・シュレッダーダストなど	VOC	ドラム缶の撤去・地下水浄化	42.0
青森・岩手県境	1999	73.1㎥（青森県）・35.2万t（岩手県）	堆肥様物・燃え殻・汚泥・RDF・医療系廃棄物など	重金属・VOC	全量撤去・地下水浄化	708.1
山梨県北杜市（旧須玉町）	1999	13.0	安定5品目		封じ込め	2.4
新潟県上越市	1999	1.4万㎥（木くず）4,600t（燃え殻）	木くず・燃え殻	ダイオキシン類	一部撤去	1.6
福井県敦賀市	2000	119.0	シュレッダーダスト・汚泥・燃え殻・不燃性廃棄物など	重金属・VOC・ダイオキシン類	封じ込め・地下水浄化	111.1
新潟県新潟市（旧巻町）	2000	2.6	未処理廃棄物（廃油・感染性産業廃棄物等）・燃え殻		一部撤去	3.0
宮城県村田町	2001	102.8	安定型5品目・木くず・紙くず・ダンボールなど	硫化水素ガス	封じ込め	30.2
神奈川県横浜市戸塚区	2001	91.0	汚泥・ばいじん・廃プラ・がれきなど	重金属・VOC	封じ込め・地下水浄化	42.0
福岡県宮若市	2002	0.3	廃油・ドラム缶・廃タイヤ	廃油・VOC・ダイオキシン類	掘削除去・地下水浄化	11.7
岐阜県岐阜市椿洞	2004	75.3	木くず・コンクリートがら・廃プラなどの混合廃棄物、土砂	ダイオキシン類	一部撤去	99.9
滋賀県栗東市	2005	72.0	安定5品目・汚泥・廃油・廃アルカリ・木くずなど	重金属・VOC・ダイオキシン類・硫化水素	封じ込め	74.0
三重県四日市市大矢知町・平津町	2005	92.1	廃プラ・ガラスくず・陶磁器くず・金属くず・がれき・木くずなど	重金属・VOC・フッ素・ホウ素	封じ込め	34
三重県四日市市内山町	2006	34.0	廃プラスチック・コンクリート片・木くず・紙くず等	硫化水素・メタン	封じ込め	13.0
三重県桑名市五反田（2次）	2010	2.7	鉱さい・燃え殻・汚泥・廃油など	VOC	地下水浄化	75.0
三重県桑名市源十郎新田	2010	1.5万㎥	コンデンサ等	油・ダイオキシン類	土壌浄化	51.0
愛媛県松山市菅沢町	2011	25.0	汚泥・焼却灰・廃プラ・建設廃材・木くず・廃油（許可品目以外の埋め立て）	重金属・廃油	封じ込め	76.8

（古市・西［2009］・環境省ホームページ「産廃特措法に基づく特定支障除去等事業について」http://www.env.go.jp/recycle/ill_dum/tokuso.html（2014年9月）・福岡県［2009］・環境省［2005a］・三重県［2013a］・三重県［2013b］・三重県［2013c］・松山市［2013］・環境省［2013］・岩手県［2013］・青森県［2013］・山梨県［2004］・秋田県［2013］・環境省［2005b］より筆者作成）

するというものである。また，都道府県等の負担分に対して，地方債の発行と元利償還に対する地方交付税措置が盛り込まれた（神戸［2009］p. 214）。2003年度に施行され，2012年度までの時限立法である。

　産廃特措法に基づき，2014年時点で18件に適用されている（表1.2）。数十万㎡以上の大規模不法投棄事件への適用が多い。しかし不法投棄サイトの多さ，廃棄物の量に対して，本法の適用が追いついていないのが実情である。同法制定時には，10年間にわたる処理費用を900～1,000億円と見込んでいたが，適用を受けた11件の費用合計は既に1,198億円となっている。三重県四日市市大矢知・平津，滋賀県栗東市など新たな大規模不法投棄の発覚がその後も続いているが，その処理事業に財政的支援が見込めるかどうかは予断を許さない。

　処理費用の不足は，処理方法の選択にも影響を及ぼしている。環境省による本法の適用が早かった香川県豊島，青森・岩手県境の場合には，社会的注目を集めたこともあり全量撤去が採用されているが，その後のサイトでは一部撤去や封じ込めも採用されている。しかし，いずれの不法投棄現場でも，地域住民からは原状回復である全量撤去を求める声が根強い。本書で扱う市街地土壌汚染問題と同様，処理水準と費用負担のあり方が問われている。

水質汚濁防止法の下での土壌汚染の発生抑制

　工場敷地内の土壌汚染が全国的に顕在化するのに先がけて，1980年代初頭に，揮発性有機化合物（VOC）による地下水汚染が顕在化した。半導体産業などのエレクトロニクス関連産業がもたらす汚染が中心であり，ハイテク汚染と呼ばれた（吉田［1989］）。ハイテク汚染は，市街地土壌汚染としても今日問題となっている。

　日本での地下水汚染への対応は，1970年に制定された水質汚濁防止法（以下，水濁法）に始まる。有害物質を含む汚染水を地下へ浸透させてはならないとした（制定時の水濁法14条3項）。だが制定当初は，この規定に罰則が定められていなかった。1972年の改正において，有害物質の排出による水質汚染に起因する人の健康被害に対して，無過失賠償責任が規定された（1972年改正時の水濁法19条）。だが当時は地下水汚染ではなく，水俣病をはじめと

する公水域の汚染が法の念頭にあったといえる。

　1980 年代に入ると，VOC による地下水汚染が各地で明らかとなる。1984 年には兵庫県の東芝太子工場，1987 年には千葉県君津市の東芝コンポーネンツ君津工場，その後，熊本市，山形県東根市，福井県武生市，滋賀県八日市市，神奈川県秦野市などで，VOC による地下水汚染が発覚する（畑［2004］p. 4）。こうした事態を受けて 1989 年に，都道府県知事が，有害物質を含む汚染水の地下浸透の未然防止のための改善措置を，命令できるよう改正された（1989 年改正時の水濁法 13 条 2 項）。また，改善命令に従わない場合の罰則も定められた（水濁法 31 条）。1996 年には，都道府県知事による地下水汚染の事後処理の措置命令が加えられた。地下水汚染による人の健康に係る被害が生じ，または生ずる恐れがある場合には，都道府県知事は，既に汚染された地下水を浄化するための措置を，特定事業場の設置者に命ずることができるというものである（1996 年改正時の水濁法 14 条 1 項 3 号）。

　一見すると，有害物質による地下水汚染の未然防止と，汚染された地下水の事後処理について，行政が一定の規制手段を持ちえたように映る。しかし，都道府県知事による措置命令は，ほとんど出されていない。各年次で見ると，地下水汚染の未然防止の改善命令は年に数件あるかないか，地下水汚染の事後処理の措置命令にいたっては，ほぼない（1995～2009 年度の環境省　水・大気環境局による地下水測定結果より）。水質汚濁防止法の地下水汚染の処理規定が，「人の健康に係る被害」の存在がある場合，若しくは生じる恐れがある場合に限られているのが一因である。日本の上水道普及率は 96.6％にのぼり（相沢［2005］p. 35），直接に井戸水という形で飲用に使用する地下水は少ない。しかし，土壌環境の保全という観点からすると，地下水汚染の未然防止のための手段は十分に行使されているとは言い難い。「人の健康に係る被害」についての規定は土対法も同様であり，その問題点については第 8 章で詳述する。

東京都 6 価クロム事件：市街地土壌汚染のファーストケース
　農用地土壌汚染が汚染農作物の人間による摂食，地下水汚染が人間による地

下水の飲用という観点から問題になったのに対して，市街地土壌汚染では土壌からの有害物質の直接摂取が問題となる。

日本における市街地土壌汚染の最初のケースが，1974年に発覚した東京都6価クロム事件であった。化学メーカーである日本化学工業（以下，日化工）は，江戸川区でクロム塩類を製造していた。これに伴い発生した6価クロムの鉱さいを，1900年代初頭から江東区・江戸川区の広範囲にわたって投棄してきた。これら土壌汚染が，市街地の再開発を期に発覚したのであった。6価クロム鉱さい汚染の範囲・量ともに大きく，2010年時点でも処理事業は終わっていない。当時，市街地における土壌汚染に対する法制度は無かった。当事の反公害という機運と重なり，日化工に汚染者負担を求める声が高まった。こうした声を受けた東京都は，日化工と交渉を行い，汚染者負担を一定実現させた。

東京都6価クロム事件は社会的注目を集めたが，市街地土壌汚染の全国的な調査には至らなかった。また，市街地土壌汚染への法制度も作られることは無かった。理由はいくつか考えられる。第1に，諸外国では市街地土壌汚染は顕在化していなかったからである。アメリカのCERCLA（Comprehensive Environmental Response, Compensation and Liability Act of 1980：通称スーパーファンド法）制定のきっかけとなったラブカナル（Love Canal）事件の発生は1978年である。第2に，本事件が突発的なケースとして考えられたからであろう。日本における市街地土壌汚染への本格的対応は，産業空洞化が本格化し，その遊休地利用・都市再開発の在り方が課題となる1990年代後半を待たねばならなかった。

自治体レベルでの土壌汚染への取り組み

これまで見てきたような国レベルでの制度とは別に，一部の自治体では土壌汚染に関する独自の取り組みを行っている。2008年度末までに，全国の都道府県・政令市のうち，土壌汚染に関する条例・要綱・指針を制定しているものは，78にのぼる。また，政令市以外の市区町村では，209もの自治体が独自に条例・要綱・指針を有している（環境省［2008］p. 53）。こうした取り組み

の内容は，都道府県・政令市においては，土壌汚染の未然防止の訓示的条項が多い。政令市以外の市町村では，外部からの土砂搬入の際の分析に次いで，土壌汚染の未然防止の訓示的条項が多い。既に汚染されてしまった土地の事後的な処理の枠組みを作っている自治体は数少ない。

　こうした中，いち早く独自の取り組みを展開したのが，神奈川県秦野市であった。市街地における土壌汚染の事後処理に対する国レベルでの法制度は存在しない中，1992年，秦野市は「地下水汚染の防止及び浄化に関する条例」を制定した。地下水利用率が65％と高い秦野市において，一部水道水から水道水の暫定水質基準の約2倍のVOCが検出されたのだった。これを重く見た市は，先の条例を制定し，過去の行為に起因する土壌汚染に対して，調査と処理を義務づけた。また，市の資金と寄付金からなる基金を設置した。行政が汚染者不明，または調査・処理のための資力がない場合，土地の調査・処理を行う際，基金から費用を調達する。後に汚染者が判明した際には求償できる（吉田［1998］pp. 236-238・大塚［1994b］pp. 95-97）。土壌汚染における遡及責任の盛り込み，基金制度の設立ということから，全国的な注目を集めた（NHK［2000］）。

　その他，自治体による取り組みにおいて注目すべきは，一定面積の土地改変時の調査義務である。都市部の自治体を中心に制定されている。東京都では2001年，「都民の健康と安全を確保する環境に関する条例」において，3,000㎡以上の土地改変時に土壌汚染での土地履歴調査を義務づけた。同様の規定は，埼玉県・愛知県・三重県・大阪府・名古屋市で実施されている。また，広島県では1,000㎡以上の土地改変時に調査が義務づけられている。こうした規定は，2002年の土対法の制定に一歩先がけたものであった。こうした都市部自治体における条例による調査義務は，土対法の狭い調査義務に上乗せするより厳しいものであった。こうした条例制定の背景には，社会的に土壌汚染への認知が高まり，都市部での工場跡地の流動化において土壌汚染の調査は避けては通れなくなったことがあると考えられる。自治体による上乗せ調査は，その後の土対法との整合性が問われ，土対法の改正の1つの契機となってゆく（この点は第8章で詳述する）。

ダイオキシン類による土壌汚染：ダイオキシン類対策特別措置法

　1996 年にアメリカで Colborn.et al.［1996］*Our Stolen Future* が発刊され，日本でも外因性内分泌攪乱化学物質，通称「環境ホルモン」による環境汚染が話題となった。同時期，廃棄物焼却場からのダイオキシン類の発生が顕在化し，ダイオキシン類による環境汚染が，1990 年代後半一挙に注目を集めた。1997 年には大阪府能勢町ではごみ焼却施設周辺の土壌汚染が発覚した。また 1999 年の埼玉県所沢市におけるダイオキシン類による汚染野菜騒動は，特に関心を呼んだ。

　こうした事態を背景に，2000 年にダイオキシン類対策特別措置法（以下，ダイ特法）が制定された。本法の下では，ダイオキシン類の TDI（耐用一日摂取量）（ダイ特法 6 条 1 項），そして大気・水・土壌における環境基準（ダイ特法 7 条）が設定された。そのうえで，ダイオキシン類のフロー・ストック両面での対策が制度化された。排出規制などのフロー面に関しては，廃棄物焼却場，製錬施設などを「特定施設」と指定し，ダイオキシン類の環境中への排出規制を設定している（ダイ特法 8 条 1 項）。都道府県知事による排出規制の上乗せも認められている（ダイ特法 8 条 3 項）。特定施設が集中し，環境基準の達成が困難な地域に対しては，総量規制を設けることも可能である（ダイ特法 10 条）。その他，焼却場から排出される焼却灰・ばいじんの基準（ダイ特法 24 条），廃棄物処分場の維持管理義務も明記された（ダイ特法 25 条）。

　本法では，ダイオキシン類の環境中への排出を抑止するフロー対策だけではなく，既に環境中に存在するストック汚染に対する事後処理の取り組みも，一定制度化された。環境基準を満たしていないダイオキシン類による土壌汚染地が発覚した際，都道府県知事は当該サイトを地域指定し（ダイ特法 29 条 1 項），土壌汚染対策計画を策定する（ダイ特法 31 条 1 項）。計画に基づき公共事業という形で対策がなされた場合，その処理費用については，公害防止事業費事業者負担法に基づいて，原因者がその一部を負担すると定められた（ダイ特法 31 条 7 項）。本法の下で，これまで 4 件のサイトが地域指定を受け，ダイオキシン類による土壌汚染処理を行っている。大阪府能勢町の廃棄物焼却場，東京都大田区の化学工場跡地，和歌山県橋本町の不法投棄現場，東京都北区の

化学工場跡地の団地がそれぞれ指定された。

　本法では，ダイオキシン類による汚染は，対策に緊急性が求められるとして，公共事業による処理が定められている。だが現実には，本法枠外での処理も行われている。こうした運用実態と課題については，第6章で詳細に検討する。

土壌汚染対策法の制定

　1980年代，ハイテク産業による地下水汚染が各地で明らかになったが，市街地土壌汚染への対応は散発的なものだった。国による調査・対策のルールも指針にとどまっていた。しかし，1990年代に入ると状況が一変する。バブルの崩壊と，産業空洞化の進行である。

　1980年代後半から，日本の産業構造は大きく変化し，日本の大手製造業の多くが他のアジア諸国に進出した。1990年代には日本国内の工場用地の遊休化が進んだ。工場用地の中には都市圏に近いものもあり，マンションやオフィスビルなどへの用途転換が進められた。また，日本の土地市場に外資の参入が相次いだのもこの時期である。アメリカのCERCLAをはじめとして，土地取引の際に土壌汚染の有無を調査することが，商習慣となりつつあった（内藤［2002］p. 31）。

　こうした事情を受けて，2000年に入ると主に経済界から土壌汚染に対する制度づくりへの提言が相次ぐ。経済戦略会議の「日本経済再生」，行政改革推進本部規制改革委員会の「規制改革についての見解」，総合規制改革会議の「重点6分野に関する中間とりまとめ」，経済財政諮問会議の「改革先行プログラム」，総合規制改革会議の「規制改革の推進に関する第1次答申」等で，提起されている。それらの内容は，専ら円滑な不動産取引を目的とした土壌汚染に関するルールづくりであった。

　こうした経済界からの要求を受けて，環境庁は市街地土壌汚染に関するルールづくりに着手した。2000年に「土壌環境保全対策の在り方に関する検討会」を設置，2001年には「土壌環境保全対策の制度の在り方について（中間取りまとめ）」が出された。中央環境審議会での討議を経て，2002年には「今後の土壌環境保全対策の在り方について（答申）」が出された。これをもって環境

省では法案を取りまとめ国会に法案を提出，2002年5月に土壌汚染対策法（土対法）が全会一致で可決成立し，2003年2月に施行された。

　結果的に，土対法は調査・処理の面で「ザル法」であった（土対法の運用実態と問題点については第5章で詳述する）。土壌汚染の可能性のある土地の多くは，調査の網から外れ，たとえ土壌汚染が見つかったとしても，最低限の処理しか定めていなかった（放置の場合もある）。制定過程からして，工場用地の遊休化に伴う土地の流動化の際，土壌汚染の扱いについて一定のルールを定めたものにすぎないからである。また根本的な問題点として，本法は土壌汚染そのものの未然防止に関する規定を持っていない。つまり土壌環境の汚染を防止するものではない。こうした問題点は法案成立の際にも既に指摘されていた。衆議院・参議院では，土壌汚染の未然防止の盛り込み，資力のない中小企業への配慮，住民からの調査要請への配慮，施行後10年以内の見直しなどが，附帯決議で付された。

　制定当初から批判を受けた土対法であったが，その後の土壌汚染対策の実態は，土対法の想定を超えるものであった。多大な開発利益が絡む首都圏の工場跡地では，土対法の処理ルールを超える形で，企業が自発的に土壌汚染を調査し，自ら厳しい処理基準を課し，汚染土壌の処理を行った。

　東京・大阪・名古屋・埼玉の都市自治体における独自の調査義務要件を定めた条例もこうした自発的取り組みを進める要因となった。土対法の制度設計と，その運用実態には明らかなギャップが存在していた。また，処理ルールの並存は，土壌汚染の処理の現場にも混乱をもたらした。東京都中央区の築地市場の移転予定先の江東区豊洲の土壌汚染問題もその1つである。こうしたギャップに対応する形で，2009年に土壌汚染対策法が改正され，調査対象範囲の拡大などが盛り込まれた。改正土壌汚染対策法の問題点については，第8章で詳述する。

福島第1原発事故と放射性物質対処特措法

　2011年3月11日に発生した東日本大震災をきっかけとして，福島第1原発事故が発生した。その結果，東日本の広範囲がセシウム134・137を中心とし

た放射性物質に汚染された。放射性物質の規制にかかわる法律は多岐にわたるが[1]，土壌汚染に関連してとりわけ重要な法律が，2011年に制定された「平成二十三年三月十一日に発生した東北地方太平洋沖地震に伴う原子力発電所の事故により放出された放射性物質による環境の汚染への対処に関する特別措置法（以下，放射性物質対処特措法，若しくは特措法）」である。

本法の下，汚染地は，除染特別区域と汚染状況重点調査地域とに分けられる。除染特別地域は，福島第1原発周辺の相対的に線量の高い11市町村が指定されている。汚染状況重点調査地域は，相対的に線量が低い100市町村が指定されている。その内訳は，岩手県3市町，宮城県8市町，福島県40市町村，茨城県20市村，栃木県8市町，群馬県10市町村，埼玉県2市，千葉県9市である[2]。これまで日本が経験したことのない規模の土壌汚染となってしまった。

除染費用については，除染特別地域は国が除染事業を実施し，汚染状況重点調査地域は市町村が国の交付金に基づいて実施する。その費用は国が一時的に負担するが，最終的には国が東京電力に求償する（特措法42・43・44条）。特措法に基づく予算措置は，2011年度第3号補正予算〜2013年予算までで，1兆5,462億円にのぼる。その内訳は，2011年度第3号補正予算3,557.80億

---

[1] 原子力利用の基本法として，1955年に原子力基本法が制定された。原子力の利用を「平和目的」「安全の確保」，「民主・自主・公開」の諸原則をもって進めることとしている（原子力基本法2条）。放射性物質の漏出を防ぐための法律として，原子炉の建設等の規制について定めた「核原料物質，核燃料物質及び原子炉の規制に関する法律（原子炉規制法）」が存在する。また，原発は電気事業法による安全規制の対象ともなっている。放射性物質が漏出してしまった場合を想定した法律として，原子力災害対策特別措置法が存在する。1999年，茨城県のJCO核燃料加工施設で発生した臨界事故をきっかけとして制定された。原子力災害の予防に関する原子力事業者の義務，放射性物質の漏出など災害が起きてしまった場合の原子力事業者・国・地方自治体の責務について定めている。その他，放射線による健康被害を防ぐために，放射線による障害の防止について定めた「放射性同位元素等による放射線障害の防止に関する法律（放射線障害防止法）」が存在する。また，労働安全衛生法は，放射線事業従事者に対して被ばく管理を定めている。賠償については，原賠法とセットで，1961年に「原子力損害賠償保障契約に関する法律（補償契約法）」が制定されている。

[2] 特措法に基づく地域指定を受けていないにもかかわらず，除染を行っている自治体が少なからず存在する。会計検査院［2013］によると，福島県内の20市町村が，福島県外の56市町村が，特措法の指定を受けずに，何らかの除染を行っている。

円，2012 年度予算 4,811.17 億円，2013 年度予算 7,093.82 億円からなる（財政調査会［2013］pp. 562, 628，財政調査会［2014］pp. 552-553）。但し，これらは除染以外の帰還促進のための費用や研究費を含むため，純粋に除染費用とはいえない。除染の資金メカニズムについては，補章に述べる。

　費用負担に関しては，放射性物質の漏出によって発生した損害に対する賠償を定めたものとして，「原子力の賠償に関する法律（原賠法）」が存在する。原賠法では，原子力の事業者の無過失責任（原賠法 3 条 1 項），損害賠償の責任を原子力事業者のみに限定する「責任の集中（原賠法 4 条 1 項）」が定められている。つまり，プラントメーカーなどの責任は問うことができない。また，原賠法 16 条では，国から原子力事業者に対する資金援助を定めている。福島第 1 原発事故の発生を受けて，資金援助の具体化のために，原子力損害賠償支援機構法が制定されている。本法に基づき東電に対して，国及び原発を有する電力事業者からの資金援助が行われている。こうした資金メカニズムが，原発事故の費用負担にどのように働くのか，今後注視が必要である。

1.4　市街地土壌汚染問題の位置づけ

　以上，日本における土壌汚染にかかわる諸対策について概観してきた。一口に土壌汚染といっても，農用地，廃棄物，不法投棄，地下水，市街地と，かかわる領域は幅広い。日本の土壌汚染対策に関わる法制度を，未然防止・事後処理に分けて整理したのが，図 1.4 である[3]。一見すると政策メニューがそろっているようにも見える土壌汚染対策だが，未然防止，事後処理ともに課題が多い。市街地土壌汚染問題に密接に関わるものは，未然防止では廃棄物処理法，水質汚濁防止法，PRTR 法・化審法である。一方事後処理では，水質汚濁防止法，土壌汚染対策法，ダイ特法が関わる。

　未然防止から見ていこう。そもそも土対法は，土壌汚染の未然防止義務を課していない。

3）　図 1.4 では，放射性物質による土壌汚染に関する法制度・自治体レベルの取り組みは除いてある。関連法規が多いためである。

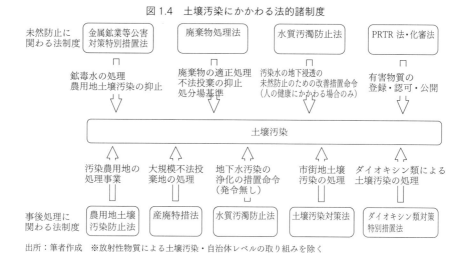

図1.4　土壌汚染にかかわる法的諸制度

出所：筆者作成　※放射性物質による土壌汚染・自治体レベルの取り組みを除く

　廃棄物処理法は廃棄物の適正処理，不法投棄の抑止，処分場基準などを定めており，野放図な有害物質の投棄にしばりをかけている。しかし，後に産廃特措法が定められたように，土壌汚染の未然防止に成功しているとは言い難い。また，廃棄物処理法は，企業の自社敷地への有害物質の投棄については，実効性のある規制手段を持ちえていない。その結果，現在の市街地土壌汚染の多発に結びついている。

　水濁法は，有害物質を含んだ水の地下浸透を禁じており，都道府県知事は事業者に対して改善命令権限を持っているが，地下水が飲用に使われる場合にのみ行使できるものである。従って，土壌・地下水環境の汚染の未然防止は念頭にない。実際上，市街地土壌汚染の防止及び処理には実効性を持ちえていなかったといえる。その他，未然防止手段として，有害物質の生産・使用そのものを抑制する手段がありうる。日本においては，化学物質の審査及び製造等の規制に関する法律（化審法），及びPRTR法（特定化学物質の環境への排出量の把握等及び管理の改善の促進に関する法律）がそれに当たる。

　他方，土壌汚染の事後処理の諸領域についても見てきた。農用地における土壌汚染では，金属鉱業等鉱害対策特別措置法の下では，休廃止鉱山の鉱毒水処

理が行われており，農用地の新たな汚染を防ぐためにも，鉱毒水の処理を恒久的に行わなければならない。多くの事業者が不存在になる中，過去の経済活動の「負の遺産」が恒久的に残されている場合，その適切な維持管理をどのように担保していくのかという点では，市街地土壌汚染と共通した課題を有している。また，産廃特措法の下での大規模不法投棄現場の処理事業では，現地住民を巻き込んで，どの処理水準を採用するか議論が巻き起こる。処理費用の財源調達と併せて大きな論点となっているのは，市街地土壌汚染と共通するところである。

　こうした中，日本社会は今後きわめて長期間にわたって，市街地における既に汚染された土壌汚染の処理と，他方で新たな汚染の未然防止に取り組まなければならない。市街地土壌汚染に直接かかわる法律は，土対法とダイ特法であるが，広義の土壌汚染対策といった場合，これら未然防止・事後処理にかかわる幅広い諸制度を含むのである。

第2章　市街地土壌汚染の処理費用と処理水準

　第1章で見てきたように，土壌汚染はそれ自体が環境汚染であり，時として人体に悪影響を与える。それに応じて様々な費用が発生し，また現実に支払われている。

　土壌汚染の発生に伴い，地価の下落が起こったり，何らかの健康被害を受ける可能性を持つ人々が発生したりする。また，これら被害を防止または緩和するために，土壌汚染の未然防止の対策，若しくは汚染された土壌の処理が要請される。

　環境経済学では，環境汚染・破壊に関わる種々の影響，それに伴う費用を明らかにするために，社会的費用論が有効なツールとして機能してきた。本章1節ではまず，社会的費用論の一連の議論について述べよう。そのうえで2節では，社会的費用論に基づき市街地土壌汚染に関わる諸費用の分類・整理を行う。

　土壌汚染にかかわる費用は未然防止から事後処理まで様々だが，今日既に多くの土壌汚染が発生しまっており，その過去のツケにどう向き合うかが問われている。市街地における土壌汚染の現場において，周辺住民を巻き込んで度々議論となるのが，「どこまでキレイにするのか？」という問題である。土壌汚染の処理と一口で言っても，その方法は多岐にわたる。汚染現場の地中に有害物質を封じ込める方法や，有害物質を含んだ土壌をそっくり他所へ持って行ってしまう掘削除去まで様々である。つまりどの処理方法を採用し，どの処理水準を選択するのかということである。また，処理方法によって，費用はケタ違いに異なる。3節では，こうした土壌汚染の処理方法・水準と費用について述べる。

　環境経済学においては，処理水準をどのように設定すべきかという問いに対して，いくつかの標準理論を持っている。費用便益分析，費用効果分析，そし

てリスクという概念を取り入れた健康被害の貨幣評価の試みなどである。4節では，こうした一連の処理水準論をサーベイする。

　後に第5章で詳しく述べるが，日本の高地価地域における土壌汚染の処理の多くで，高額な費用をかけた原状回復につながる処理方法が採用されている。つまりゼロリスクが選択されているのである。また第8章で述べるが，現在日本の市街地土壌汚染にまつわる議論において，原状回復への批判が存在する。高額な原状回復の費用支出は，健康リスクの低減に見合わないというものであり，日本の市街地土壌汚染対策は，費用をかけ過ぎているというものである。こうした見解の背景には，リスク評価論の政策利用という発想がある。では，土壌汚染の健康リスクは取るに足らないものなのであろうか？

　5節では，リスク評価論の政策利用について，批判的に検討する。主なポイントは，リスク評価の不確実性，費用効果分析などに適用した際のリスク分配の公平性の2つである。

　では，リスク受け入れの処理水準はどのように決定されるべきなのだろうか。何より重要なのは，健康リスクを受け入れる可能性がある人々の，処理水準決定への関与である。つまり，手続き的正当性が担保されなければならない。近年注目されているリスクコミュニケーションについて述べる。

2.1　社会的費用論の展開

カップによる社会的費用論の提起

　社会的費用という用語は，ミハルスキーが分類したように，様々な意味に使われてきた（Michalski［1965］邦訳 pp. 5-6）。①国民経済的な総費用，②社会的経済的最適からの乖離によって生ずる国民経済的損失，③第三者による非市場的負担として現われ，それを引き起こす経済主体の経済計算においては何の考慮もされていない費用，④経済政策の実施費用，と異なって使われてきたと分類している。

　このうちカップは，ミハルスキーの③の位置づけでの社会的費用論を発展させた第一人者であった（Kapp［1950］）。カップは，新古典派経済学がこれま

で交換価値・「経済的なもの」しか扱ってこなかったと批判し，市場価格で表現されない「非経済的なもの」と併せて，それらの内的関連を研究することによって，新たな政治経済学（ポリティカル・エコノミー）を志向した。カップは社会的費用を，「第三者または社会が受け，それに対しては私的企業家に責任を負わせるのが困難な，あらゆる有害な結果や損失（Kapp［1950］邦訳 p. 16）」と定義した。そしてカップは，大気・水・エネルギー資源などの環境問題にかかわる諸領域についての損失の明示だけでなく，労働災害・職業病などの労働安全，一部の企業による市場独占の問題にまで，その計測の枠を広げている。

　注意が必要なのは，カップにとってのこうした計測作業は，ある時点の年間の社会的費用の正確な計測値を出すことにあるのではなく，比較可能な貨幣尺度で表すことによって，社会的費用の重要性を示すことに重きが置かれていたという点である。さらにカップは，こうした社会的費用の大きさ自体が，社会的価値に基づく社会的評価によって大きく左右されるということを挙げている。社会的費用の大きさの明示にあたっては，社会的評価という一定の仮定が避けられないということである。また，社会的評価は文化・歴史的な時代制約を受ける。カップは資本主義が始まって以来の政治史を，社会的費用の平等な分配，またはその防止のための闘争，民主主義の一般的拡大の不可欠の一部分であった，としている（Kapp［1950］邦訳 pp. 18-19）。

日本における社会的費用論の受容

　カップにより提起された社会的費用論は，公害が激化していた 1960 年代末の日本に，積極的に受け入れられた。なぜならこの時期，四大公害に典型的に見られるように，それまで社会的に無視されてきた公害被害とそれに伴う諸費用が，裁判などを通じて徐々に明らかになってきたからである。さらに，四大公害裁判による原告勝訴の結果が，後の国レベルでの公害法制の制定に大きく影響を与え，公害被害の予防・処理が一定制度化されたからであった。

　日本では，カップによる社会的費用論をさらに深化させる取り組みがなされた。宮本憲一はカップの社会的費用論を受けて，マルクス主義の立場から批判

的検討を行った（宮本［1976］pp. 183-196）。その内容は，第1に，社会的費用の明示だけでは不十分だという指摘である。社会的費用の明示＝発生主体への内部化，ではないというものである。第2に，社会的費用の内部化がなされた場合でも，独占企業は価格転嫁や下請けに転嫁しうることを見なければならないという点である。第3に，社会的費用の負担における階級性・階層性の指摘である。第4に，日本の地域開発に典型的に見られる，国家が原因となった社会的費用の存在についてである。第5に，社会的損失の内容の1つとして，絶対的損失を提起した。絶対的損失とは，人間の健康の破壊，自然的損失の中で，再生不能のものである。

　カップが社会的費用の明示化に重きを置いたのに対して，宮本はその負担関係を重視しているといえよう。環境破壊の影響と諸費用の整理を目指す本節では，とりわけ社会的損失と絶対的損失の提起が重要である。宮本は，社会的費用とは別に社会的損失を提起した。社会的損失には，貨幣的に測定できる損失と，貨幣的に測定できない損失が存在するとした。そのうち再生不能な損失を絶対的損失とし，これらは貨幣的に測定できない損失であるとした。

寺西による社会的損失・社会的損失額・社会的出費の提起

　宮本によって提起された社会的損失と絶対的損失という概念を批判的に摂取し，社会的費用論の再構成を行ったのが，寺西俊一（寺西［1983］・寺西［1984］）であった。

　寺西は，社会的費用論の再構成にあたって，まず使用価値レベルと価値レベルの分類を行う。そして社会的損失を，人間及び人間をとりまく種々の環境的諸条件に係る使用価値レベルでの各種の損傷・破壊の問題，と定義づけた。そのうえで社会的損失を損失の対象・損失の程度・損失が顕在化する時間軸で分類することの重要性を説く。また宮本と同様，損失の程度を見るうえで，可逆的性格を持つものと不可逆的性格を有するものに分類する。

　社会的損失の貨幣的測定についても，寺西は明快な分類をしている。まず，使用価値レベルでの損傷・破壊が，商品経済関係に包摂されている限りにおいて，価値レベル，つまり交換価値レベルの価値喪失として現われるとした。さ

第 2 章　市街地土壌汚染の処理費用と処理水準

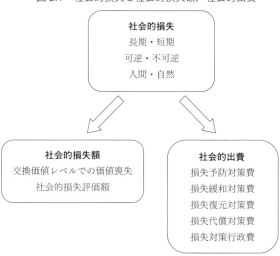

図 2.1　社会的損失と社会的損失額，社会的出費

出所：寺西［1984］に基づき筆者加筆

らに，商品交換関係に包摂されず，ただちに価値レベルの損失として現われないようなものを，あえて貨幣的評価したものを，社会的損失評価額として規定した。これは擬制的な貨幣評価であるが，実践的・政策的意義を一定認めている。

　こうした各種の社会的損失に対して，後処理や事前防止のための何らかの出費が求められる。これを社会的出費として提起し，その費用の理論的性格に応じてさらに 5 つの分類をしている。[1] 第 1 に，社会的損失のそもそもの発生を予防する損失予防対策費である。第 2 は，社会的損失の発生後，その損失を部分的に軽減・緩和するための対策に要する損失緩和対策費である。第 3 は，社会的損失を修復・復元するための損失復元対策費である。第 4 は，社会的損失が不可逆な場合に，その代替・補償のために必要となる損失代償対策費である。第 5 は，社会的損失に関わる諸対策を実施するために必要な損失対策

1）　寺西［1997］においては，こうした出費を環境コストとして一括して再提起している。被害補償費用・被害修復費用・被害緩和費用・被害予防費用・被害取引費用としてさらに細かく分類している。

行政費である．社会的損失，社会的損失額，社会的出費を図示したのが図2.1である．

以上，社会的費用論を費用分類の観点から見てきた．環境破壊などの「非経済的なもの」の損失，それに伴う諸費用を明示化しようとしてきたのが，社会的費用論の系譜であったと言えよう．環境破壊に関わる費用と一口に言っても，被害に対する事前的支出である損失予防対策費，被害に対する事後的支出である損失緩和対策費など，その理論的位置づけの整理が必要である．

処理水準の設定に関連し，カップによる社会的評価と社会的価値への言及は重要である．カップはかく言う．「それら（社会的費用：筆者）の相対的な大きさや意義の最終的な決定は，社会的評価と社会的価値（社会に対する価値という意味で）の問題であると思われる（Kapp［1950］邦訳 p. 292）．」つまり社会的評価によって，社会的費用の大きさは変わりうるということである．社会的費用と，またそれに応じた処理水準の設定は，文化的・歴史的制約を受けるというものである．後章で述べるが，リスク配分の公正性と，それをめぐる手続き的正当性を担保する制度も分析の対象に含むという意味で，本書は「政治経済学」を名乗るのである．

2.2　市街地土壌汚染にかかわる諸費用

2.2.1　市街地土壌汚染にかかわる社会的損失（使用価値レベルでの被害）

1.1では，有害物質の経路という観点から，土壌汚染について見た．ここでは市街地土壌汚染に絞り，社会的費用論による費用分類を試みる．まずは，使用価値レベルでの被害把握が必要である．以下，見てみよう．

第1に，地下水の飲用，粉塵に舞った有害物質の暴露などによる健康被害のリスクの増大である．市街地土壌汚染においては，使用価値レベルでの被害が，健康リスク（後述）の増大という形で表れるために，被害の把握自体に一定の難しさが生じる．

第2に，土壌汚染や地下水汚染の存在，つまり健康リスクの存在による土

地の用途制限である。有害物質の存在によって，住宅地として適さなくなる・住めなくなる，幼児が土遊びをする公園として適さなくなる場合などである。

第3に，地下水の利用制限である。工業用資源・飲用資源としての地下水汚染が代表的である。

第4に，スティグマ，直訳すると「汚名」である。つまり，汚染の存在，若しくは汚染がかつて存在した土地に対する人々の忌避感である。スティグマは市街地における土壌汚染の特徴の一つで，既に浄化処理が終わったにもかかわらず買い手が付かない土地に対して，「スティグマの存在」という表現が用いられている。

第5に，生態系の破壊である。土壌汚染・地下水汚染の存在そのものが，環境・生態系が受ける損失である。

市街地土壌汚染の社会的損失に伴う特徴は2点である。第1に，土地の原状回復の難しさである。有害物質の種類，汚染の性状によっては，土地の原状回復に困難な場合がある。特に地下水へ溶け出しやすい重金属が地層の下部へ拡がった場合には，その浄化は困難をきわめる。第2に，時間的スケールでみると長期に及ぶということである。市街地土壌汚染は，有害物質の環境中への放出という汚染行為から，被害の顕在化まで非常に長期間かかっているという点である。数十年前の工場操業時における汚染が，今日問題になるケースは，決してめずらしいものではない。こうした過去の汚染行為による社会的損失は，それに伴う土地の用途制限は，現在及び後世代が受ける。土壌汚染問題は「過去のツケ」である。

2.2.2　市街地土壌汚染にかかわる諸費用

市街地土壌汚染の社会的損失にかかわる諸費用は，どのように表れるのだろうか。寺西［1984］の分類に基づき，市街地土壌汚染にかかわる社会的損失額，社会的出費を図2.2に即して見てみよう。

社会的損失額

まずは，社会的損失額カテゴリーについてである。これはさらに交換価値レ

図 2.2 市街地土壌汚染にかかわる社会的損失・社会的損失額・社会的出費

出所：筆者作成

ベルでの価値損失，社会的損失評価額に分かれる。

　まずは，商品交換関係に包摂されている限りでの価値喪失というカテゴリーである。土壌汚染の汚染対象である土地は交換価値を持っているため，土壌汚染が存在する地価は，一定の減価を伴う。また，減価が賃貸料の減価といった形でも表れる。土壌汚染が存在する土地は，そもそも買い手がつかない場合もある。その他，地下水利用を伴う商品生産が行われる場合にも，交換価値レベルでの損失として直接表れる。その他，労働力の損失として直接的に現れる場合もある。

　次に，商品交換関係に包摂されていないカテゴリーに属する諸費用，つまり社会的損失評価額を見てみよう。まずは，健康被害に対する擬制的価値評価が

考えられる。代表的なものは，確率的生命価値であろう。一定の健康被害のリスクを改善するにあたっての支払い意思額である。その他，土壌汚染によって失われる生態系に対する支払い意志額の評価など，CVM（仮想評価法）による擬制的評価が一応は可能であろう。特に健康被害に対する擬制的価値評価は，どれだけ費用のかかるどの処理手法を選択するか，という問題と密接に結びつく。この点については後述する。

市街地土壌汚染にかかわる諸対策と社会的出費
　寺西［1984］の分類に基づくと，社会的出費は損失予防対策費，損失緩和対策費，損失復元対策費，損失代償対策費，損失対策行政費に分かれる。1.2で見た，土壌汚染にかかわる諸対策を受ける形で，社会的出費を分類してみよう。
〈未然防止にかかわる費用〉
　まずは，未然防止にかかわる諸費用である。ここでは損失予防対策費である。有害物質の発生抑制，有害物質の排出抑制といった費用である。現在の日本の市街地土壌汚染は，これら未然防止に失敗した結果である
〈事後処理にかかわる費用〉
　次に，事後処理にかかわる諸費用である。損失緩和対策費，損失復元対策費，損失代償対策費である。1.2での分類によると，人間と有害物質との遮断が，損失緩和対策費に当たる。有害物質が依然として地中に残る封じ込め処理においては，土壌汚染という環境汚染の状態は残る。従って封じ込め処理はあくまで緩和である。適切な緩和のためには，封じ込めのメンテナンスが必要である。こうした費用も損失緩和対策費に当たる。他方，損失復元対策費は，有害物質の除去に要する費用，つまり原状回復レベルの土壌汚染の処理に要する費用である。損失代償費用は，不動産価格の下落に伴う損失補償が考えられる。また，土壌汚染に伴う代替上水道の整備，居住できなくなったことに対する損失補償などもある。これら2者は，有害物質からの遮断という側面もある。
〈損失対策行政費（調査費用・取引費用）〉
　上記の未然防止・事後処理に要する費用とは別に，市街地土壌汚染問題にお

いて殊に重要なのは，損失対策行政費である。ここでは行政という枠よりも幅広く，調査費用と取引費用として考える。

　土壌汚染の場合は，目に見えて汚染が明らかなことは稀で，何らかのタイミングで汚染調査をしなければならない。そして地中の有害物質の様態，及び人体への影響を把握すること自体に費用を要する。汚染の正確な把握のためには，平面方向と深度の3次元での調査が必要であり，手間も費用もかかる。また水溶性の有害物質の場合，地下水の変動に伴い汚染の挙動が変化するため，季節毎の調査が必要であるなど，調査自体に相応の費用を要する。また，有害物質を地中に封じ込める工法を採った場合には，汚染が再び漏れ出さないよう，継続的なモニタリングとそれに伴う費用が必要となる。

　次に取引費用についてである。市街地土壌汚染においては，処理の実施者・費用負担者の決定に際し，一定の費用を要することが多い。市街地土壌汚染は，過去の汚染行為が現在，問題を引き起こしているストック型の汚染である。そのため汚染が発覚した時点で，汚染者が存在しない，または資力がないといった場合や，汚染行為を確定できない場合が存在する。また，汚染行為が行われた時点では，土壌汚染に関する法規制が存在せず汚染行為そのものが合法であった場合も多い。また，民事訴訟による損害賠償請求を行うとしても，汚染行為と被害との科学的因果関係の立証が一定必要である。こうしたことから，費用負担者の決定に，一定の費用を要するケースが多い。

　第4章で扱う東京都6価クロム事件では，土壌汚染に関する法規制が存在しない中，運動による世論喚起によって汚染者に対して一定の費用負担をさせた。ここでは膨大なマンパワーが支出された。また，農用地土壌汚染問題であるイタイイタイ病裁判においては，被害者の提訴を支援する形で，多数の研究者・弁護士による研究・運動が展開された。また，近年の市街地土壌汚染でも，処理費用の負担をめぐって度々裁判が起こっている。

　市街地土壌汚染の処理水準を決定する際にも，一定の費用を要するケースが多い。多くの土壌汚染の現場で，どのくらいまでキレイにするのかをめぐって，行政・現地住民を巻き込んで議論が起きている。また，第7章で扱う東京都江東区豊洲の土壌汚染でも，移転予定の渦中にある築地市場の仲卸業者，食品

関係の消費者団体などを含む人々，そして行政・議会・土壌汚染処理業界・研究者等の間で，広範な議論が起きた。そして議論の進展に応じて，度々処理水準が変更されている。こうした議論そのものに，多大な取引費用を要している。

また，土壌汚染の処理方法の中には，健康リスクは一定削減されるが，ゼロにはならない対策が存在する。これは，一定のリスクを誰かしかに負担させることを意味する。どのようなプロセスで処理基準を設定し，その結果健康リスクがどのくらい残り，誰に帰着するのか，こうしたことを，処理を行う側が，健康リスクを受ける側との間で議論する。この一連の流れがリスクコミュニケーションである。市街地において土壌汚染が発覚すると，行政や土地所有者が住民説明会を行うのは，その例の1つである。近年，土壌汚染対策の現場では，汚染土壌の直接的な処理だけでなく，リスクコミュニケーションがますます重要性を帯びており，特に大規模汚染地の場合は，これらに対する費用支出は欠かせないものとなっている。

2.3 市街地土壌汚染の処理費用と処理水準

新たな土壌汚染を引き起こさない未然防止は重要であるが，今日の市街地土壌汚染で問題となっているのは，既に存在する膨大な数の土壌汚染サイトの扱いについてである。土壌汚染をめぐるブラウンフィールド対策手法検討調査検討会［2007］の推計によると，全国で約 11.3 万 ha の土壌汚染の存在する土地が存在している。これらを誰が，誰の費用負担で，どのくらいまで処理するのか。つまり土壌汚染の事後処理ルールの在り方が問われているのである。次に，「どのくらいまで」つまり処理水準に関わる，土壌汚染の処理方法について見てみよう。

市街地土壌汚染の処理方法

市街地土壌汚染の処理方法は多岐にわたる。最低限の処理といえる汚染サイトへの立入禁止から，舗装・盛土による封じ込め，還元剤などを利用した汚染サイト現地での処理，掘削除去後に処理施設に持ってゆく，などである（吉村

[2003], NPO 土壌汚染技術士ネットワーク [2009])。それぞれ見ていこう。なお，ここでは放射性物質による除染は含まない。2014 年の時点で，どの除染方法が効果的で費用が低廉か，をめぐって多様な見解が出ているからである（山田 [2013]）。

〈立入禁止〉

　まずは，汚染サイトに有害物質が残る処理方法についてである。最も簡便な対策は，汚染サイトを立入禁止にすることである。但しこの場合，有害物質が粉塵などの形で舞い，周辺環境に汚染が拡大する可能性がある。また，有害物質が水溶性の場合は，雨水の流入により汚染が拡大する可能性もある。

〈舗装・覆土〉

　次に舗装・覆土である。汚染土壌をアスファルトや土などで覆い，粉塵などが舞うのを防ぐ方法である。但し，アスファルトは数年で劣化するので，定期的なメンテナンスが必要である。また覆土の場合は，毛細管現象などにより地中の有害物質による表土の再汚染の可能性がある。また，常温で揮発するベンゼン・シアン等の有害物質の場合，アスファルトのひび割れなどから大気中に拡散する恐れがある。ひび割れなどが起きていないか，定期的なモニタリングが必要である。

〈現地不溶化・現地封じ込め〉

　現地不溶化・現地封じ込めである。現地不溶化は，薬剤などを地中に注入し，有害物質が地下水などに溶出しないようにする方法である。また，汚染土壌をいったん掘り出し薬剤を注入し，現地に埋め戻す方法もある（不溶化埋め戻し）。現地封じ込めは，汚染土壌のある範囲を鋼矢板・遮水シートなどで囲い，有害物質の外界への流出を防ぐ方法である。地下水の流動による有害物質の移動を防ぐために，鋼矢板は不透水層まで打ち込む必要がある。

　これらの方法では，有害物質は依然として現地の地中に残る。不溶化がうまくいっているか，遮水壁が機能しているか定期的・継続的なモニタリングが必要である。これら封じ込め方法による汚染地は，土地の再開発時に再び汚染が顕在化し，土地の用途が一定制限を受ける。

〈現地浄化〉

現地浄化は，汚染サイト現地で有害物質を分解，または抽出するものである。有害物質の分解には，微生物を利用したバイオレメディエーション，薬剤注入法などがある。他方，抽出には，地下水や地中ガスに含まれる有害物質を，揚水や吸引によって取り出し，回収するなどの方法がある。原状回復まで浄化が可能かどうか，またはそれに要する期間は，有害物質の種類，処理方法によって様々である。

〈掘削除去〉

掘削除去は，有害物質を含む汚染土壌を掘削して取り除く方法である。汚染サイトには有害物質は残らない。掘削された汚染土壌は，中間処理場などへ運ばれ，薬剤処理，洗浄処理などを経て，再利用若しくは最終処分場へ封じ込められる。この方法では，汚染サイトにおける有害物質による健康リスクが完全に取り除かれる。原位置浄化が比較的時間を要するのに対して，掘削さえしてしまえば汚染サイトの有害物質は無くなるので，即効性がある。

処理方法と処理費用

では，これら処理方法には，それぞれどのくらいの費用を要するのであろうか。実はこうした情報へのアクセスは容易ではない。汚染土壌の処理を実際に行うのは土壌汚染処理業者であり，土地所有者などから依頼を受けて，調査・処理を行う。処理方法による費用に関する情報は，各企業によって異なる。また処理費用は，有害物質の種類・量，汚染の様態，地質によって大きく異なる。そして何より土壌汚染処理業者の守秘義務の存在である。土壌汚染サイトの所

図2.3　市街地土壌汚染の処理方法と処理費用・処理水準

処理方法	処理費用	処理水準
掘削除去	高い	高い
現地浄化	↑	
現地不溶化・現地封じ込め		
舗装・盛土	↓	
立入禁止		
放置	安い	低い

出所：筆者作成

有者が，スティグマや地価の下落を恐れ，当該土地でどのような処理方法が採用されたのか，秘密にする傾向があるからである。従って，処理費用に関する以下の記述は，筆者がこれまでヒアリングした複数の土壌汚染処理業者，土壌汚染処理の現場からの情報を基にしたものである。

　一般的に，土壌汚染の処理方法と処理水準そして処理費用は，図2.3のようにまとめることができる。掘削除去は汚染土壌そのものを搬出し，その後場外で適切な処理をしなければならないので，最も費用がかかる。現地浄化は，有害物質の性状によっては原状回復も可能だが，掘削除去に比べて期間を要する。舗装・盛土や立入禁止は当然安価である。ある土壌汚染処理業者へのヒアリングによる具体的ケースにおける対策方法による費用の違いについて，図2.4に記した。覆土や舗装に比して，掘削除去は概ね十数倍から数十倍の費用を要する。ケースAにおいては，わずか900㎡の汚染地の原状回復に，1億5,000万円要している。処理方法の選択においては，処理費用をいかに調達できるかが重要なポイントとなるのである。

図2.4　処理方法と処理費用の一例

・ケースA
　汚染の性状：30m × 30mの範囲に砒素汚染が存在している。
　　　　　　　深度3mまで汚染が分布している。地下水汚染も発生している。
　　　　　　　地中10m以深に難透水層が厚みをもって存在している。
　1）遮水工封じ込め（約3,500万円）
　　セメントの壁を地中に造り，汚染土壌，地下水汚染を封じ込める。雨水の流入を防ぐために，地表をアスファルト舗装する。その後モニタリングが必要である。
　2）掘削除去・地下水処理（約1億5,000万円）
　　汚染土壌は中間処理場へ搬出し，処理を行う。地下水を揚水し浄化する。

・ケースB
　汚染の性状：30m × 30mの範囲に鉛（含有量）汚染が存在している。
　　　　　　　深度2mまで汚染が存在している。
　1）アスファルト舗装（約500万円）
　　地表からの汚染土の飛散を防止する。定期的な監視が必要である。開発時に新たな対策を要する。
　2）掘削除去（約7,000万円）
　　汚染土壌は中間処理場へ搬出し，処理を行う。

出所：土壌汚染処理業者へのヒアリングより筆者作成

2.4 処理水準をどのように設定するか？

有害物質の排出基準をどのように設定するのかということは，環境経済学における主要なテーマの1つであり続けてきた。今日の市街地土壌汚染でいえば，既に汚染された土壌を，先に見たうちのどの処理方法で，どのくらい費用をかけて処理すべきかということである。現場においては特に，ゼロリスクを目指す原状回復につながる掘削除去などを採用するか，汚染を一定程度残したままでの封じ込め処理を採用するかが問題となる。ここでは，市街地土壌汚染に引きつける形で，処理水準に関する代表的な理論を見ていく。ピグーの外部負経済論，費用便益分析，リスク評価論・確率的生命・確率的生命価値とそれぞれ見ていく。

外部負経済論

外部性に関する議論は，A・マーシャルに始まりA・C・ピグーが定式化したものである。ピグーは私的限界純生産物と社会的限界純生産物の乖離，つまり外部性が存在する場合，パレート最適が実現されないとした。こうした場合，私的限界純生産物に対して課税や補助金をかけることによって，私的限界純生産物の生産量をコントロールし，社会的限界純生産物と一致させるという政策提案を行った（Pigou［1932］pp. 192-）。汚染問題に引きつけて考えると，ここで主に想定されているのは，フローの汚染問題であるといえる。つまり，何らかの生産を行うことによる便益と，外部経済・外部負経済の総計を問題としているのである。ピグーの議論は，課税や補助金を生産者に対してかけ，生産量をコントロールすることによって汚染のコントロールを行うという発想である。

ピグーの提案の市街地土壌汚染への適用を考える際，2つの問題点が生じる。第1は，ピグーの議論がフローの汚染を対象としている点である。というのも，土壌汚染の多くは，既に生産を終えた後に発覚し，また問題化したものである。ある化学工場が操業を止め，土地の用途転換が問題となる時点で問題が顕在し，

いかなる処理水準で対策を行うかが問題となる。この時点では課税政策などによる生産量の調整による汚染量のコントロールは限界がある。従って，ピグーの提案をストック汚染である土壌汚染問題に直接適用するのは困難である。第2は，ピグーの議論において，何をもって外部費用とするのかについて，考えられていない点である。本章1.3で述べたように，環境破壊に伴う費用は予防的支出から後処理費用まで多様である。こうした費用のうちどの部分を内部化させるのかについて，明示的に語られていない（吉田［2010］p. 95）。

費用便益分析

　ピグーの提案は生産物量をコントロールすることによって外部性，汚染のコントロールを行おうとしていた。それに対して，事業や規制の実行の是非を直接に判断するためのツールとして発展したのが，費用便益分析である。費用便益分析は，何らかの規制や公共事業がもたらす総便益と総費用を比較し，純便益が正か負かを判断する。その際，便益と費用を一定の貨幣額という形で表現し，比較をする。

　費用便益分析は元々，1936年のアメリカ洪水制御法（Flood control Act）において取り入れられた。その後，1950年には水資源管理において個々の事例で適用が進んだ（Nas［1996］邦訳 pp. 6-7）。1981年には，レーガン政権の下で大統領令12291号が発令され，行政管理予算局（Office of Management and Budget）が連邦行政機関の規制制定手続きに費用便益を義務づけることとなった。これはレーガン政権による規制緩和の一連の流れの中で行われた。費用便益分析の義務化適用は，規制分野によって異なり，また判例によっても異なる（倉澤［2000］）。なお，後述のCERCLAにおいては，義務づけられていない。とはいえ費用便益分析はいまだに環境経済学における判断ツールとして一定の影響力を持ち続けている。

　費用便益分析が汚染問題において使われる場合，最適汚染水準の導出がポイントとなる。限界排出削減費用と限界排出削減便益が一致する点に，排出基準，処理基準を設定するというものである。土壌汚染に対する事後処理対策として考えると，処理をどの程度まで行うべきかという問いになる。費用便益分析に

基づけば，限界処理費用と限界処理便益が一致する最適処理水準まで処理を行うべきという解答となる。

　社会的費用論に基づけば，処理費用は社会的出費つまり実費であり，その計測は容易である。土壌汚染の現場においては，封じ込めや掘削除去等，多様に存在する中から採用された処理方法の費用である。

　他方問題は，処理による便益の計測である。土壌汚染に伴う社会的損失は，土地の用途制限，スティグマ，有害物質による人体への健康リスク，などが挙げられる。処理によってこれらの損失が緩和なり解消される。土地は，地価という交換価値を持つので，土壌汚染の処理に伴う土地の用途制限，及びスティグマの軽減・緩和は，直接に地価の上昇という交換価値レベルの便益として表れる場合がある。地価上昇という便益は，ヘドニック手法で把握することも可能である。

　この中でも，有害物質による人体への健康リスクは，交換価値として直接表すことが困難である。もしある人が，土壌汚染に起因する有害物質にさらされ，何らかの健康被害が起ったとしても，その科学的な因果関係の証明は困難である。人間は数多くの有害物質に囲まれており，これらによる複合・微量・長期汚染にさらされているのである。その中から，特定の土壌汚染地付近で発生した健康被害を，当該土壌汚染と結びつけ，その寄与量を計測するのは，非常に難しい。仮に計測できたとしても，それによって発生した健康被害に伴う医療措置や，代替的な費用支出などの実費の計測もまた困難である。

　このような理由から，有害物質による人体への健康リスクの削減の便益を計測するにあたって，何らかの擬制的評価が必要になってくる。リスク論，確率的生命，確率的生命価値という変換を通じて，改めて費用便益分析の俎上に乗せることができる。

確率的生命

　人間は多種多様な有害物質に囲まれている。こうした中，ある特定の個人に，どのような有害物質がどのくらい悪影響を与えているのか，個々に特定するには科学的な困難がある。しかし，有害物質にさらされている一定規模の人間集

団の中には，有害物質による影響と推定される悪影響を被る個人が存在する。こうした際に，リスクという概念を用いて，悪影響を定量化しようとする試みが展開されてきた。

そもそもリスクとは，ハザードとその生起率を加味し，数量化したものである（National Research Council［1989］邦訳 pp. 37-38）。ハザードとは，ある行動や現象がある人間や物に害を与える，あるいはその他の望ましくない結果を与える可能性である。ハザードの大きさは，結果として生じる損害の量であり，曝露された人間や物の数，及びその結果の重大性を含む。リスクは，ハザードの危害が実際に生じるかもしれない可能性の確率を段階ごとに加味し，さらに数量化したものである。

また，米国大統領・議会諮問委員会報告書では，以下のように定義されている（The Presidential/Congressional Commission on Risk Assessment and Risk Management［1997］p. 1）。リスクは，物質または状況が一定の条件の下で害が生じうる可能性であり，次の2つの要素の組み合わせである。①病気や疾病といった有害な出来事が起きる可能性，②そのよくない出来事の重大さ，である。

つまりリスクとは，よくない事の大きさ・重大性と，その生起率からなる。この「よくない事」というものは，様々である。「よくない事」は何なのか，何を発生させてはいけないのか，という目標設定が必要である。これはエンドポイントの設定と言われる。有害物質の悪影響と一口に言っても，人間に対するものだけでも，発ガン性，先天性異常，回復可能・不可能な被害など様々である。また，生態系への影響も多種多様である。

Schelling［1968］は，エンドポイントを人間の死に設定し，ある政策によって失われる生命・救われる生命を，人間の死亡率の増減として確率的生命（a statistical life）と呼んだ。例えば，ある有害化学物質の曝露によって1年に人が死ぬ確率が，0.0004，すなわち1万人に4人の割合だったとする。その有害化学物質の規制によって，1年に人が死ぬ確率が，0.0003，1万人に3人の割合になったとする。こうした場合に，年間1人の確率的生命が救われたと計測するのである。ところで，人間の死を減らす政策は有害化学物質の規制以

外にも多々存在する。エンドポイント，つまり政策の効果を人の死の増減に設定することによって，確率的生命は，人の死にかかわる政策・規制間の比較を行うことを可能にする。エンドポイントを人の死に設定した場合に，一人当たりの死を回避するのに要した費用を，一人当たり救命費用（cost per life saevd）という。エンドポイントの設定とリスクへの等質化は，費用効果分析につながる。

　確率的生命によって1人当たり救命費用を算出することができた。しかし，費用と効果というタームの分析であり，目的とする効果を同じくする複数の政策どうしの比較，いわば政策間の順位付けにしか使うことができない。この点は具体的政策への適用の際，重要なポイントであり，詳しくは後述する。

確率的生命価値
　確立的生命を応用し，いわば命の値段を推計する確率的生命価値（value of a statistical life，以下VSL）が存在する。先ほどの例でいうと，ある有害物質の規制によって1万人に4人だった死亡率が，1万人に3人に改善される場合の，人々の支払意志額（Willingness To Pay，WTP），受入補償額（Willingness To Accept，WTA）を測るものである。つまり，死亡率の変分に対するWTP・WTAが確率的生命価値である。

　確率的生命価値を測るには，表明選好法と顕示選好法が存在する。表明選好法では，確率的生命価値では，あるリスクの削減に対するWTPをアンケートなどで問う質問法が一般的である。リスクを減らす仮想的な状況を設定し，リスク削減に対する支払額を引き出す仮想評価法（Contingent Valuation Method，以下CVM）が使われることもある。表明選好法における調査で表されたWTPは実際の費用負担額ではないため，仮想的なWTPをいかに実際の額に近づけるか，質問に際してバイアスをいかに無くすかに注意が注がれる。

　顕示選考法では，ヘドニック法による貨幣評価が一般的である。[2] 労働市場に

---

[2]　確率的生命価値ではないが，ヘドニック法によって土壌汚染の処理レベルに応じた貨幣評価額を推計することは可能である（Kiel and Zabel [2001] など）。土壌汚染以外の条件が同じ土地の価格を比較し，その差分を土壌汚染の処理の便益としてとらえるものである。

おける職業毎の死亡リスクと賃金との相関を貨幣評価し，職業上の死亡リスクのWTAを計測する。死亡率の異なる職業間の賃金格差を計測し，労働者は死亡率の増分当たり，どのくらいの補償額（WTA）を受け入れているのかを推計するのである。Viscusi [2003] のサーベイによると，アメリカの労働市場における複数の調査で，VSLの値は概ね380～900万ドル（2000年平価）とされている（Viscusi [2003] pp. 18-23）[3]。

2.5 リスク評価論の政策利用の批判的検討

日本の高地価地域における土壌汚染の処理の多くで，高額な費用をかけた掘削除去が採用されている（第5章参照）。また第8章で述べるが，現在日本の市街地土壌汚染にまつわる議論において，高額な費用をかけた掘削除去に対する批判が存在する。つまり掘削除去の費用支出は，健康リスクの低減に見合わないというものであり，日本の市街地土壌汚染対策は，費用をかけ過ぎているというものである。行政がかかわる市街地土壌汚染の現場では，多くの場合，行政が策定した封じ込めを含む処理方法に対して，周辺住民が異議を申し立て議論となる。こうした構図は，往々にして住民が不合理にゼロリスクを要求しているものとして単純化される。そして，高額な掘削除去を採用するほど，土壌汚染による健康リスクは深刻ではないとされる。中央環境審議会 [2008] では，「掘削除去が環境リスクの管理・低減の点から不適切な場合もあることも踏まえ，不合理な対策を避けるためにも，汚染の状況，健康被害の生ずる恐れの有無に応じて，必要な対策の基準の明確化が必要である」とされ，掘削除去の採用が，健康リスク削減の観点から不合理だとされている。また，1.3で述べたように，産廃不法投棄現場の原状回復事業でも，廃棄物の全量撤去つまり掘削除去から，現地封じ込めへと処理方法が変更されている。

---

3) ヘドニック法に基づくVSLが，社会的費用論に基づく社会的損失額，若しくは損失評価額どちらかにカテゴライズされるかは，判然としない。ただ，ヘドニック法に基づくVSL計測に対しては，労働力の価格は，究極的には労働力の再生産費に規定されるというマルクス経済学の立場から根本的な批判が提示できると思われる。

第2章 市街地土壌汚染の処理費用と処理水準　　65

　日本より約20年先がけて土壌汚染問題に取り組んだアメリカでも，既に同様の指摘がなされている。アメリカのスーパーファンド法の下での処理水準について論じたViscusi and Hamilton［1999］では，膨大な費用が投じられているスーパーファンド事業の発ガン回避効果は，費用効果分析のテストには合格しないとされている（第2章補節参照）。

　では，多くの土壌汚染の現場で，付近住民などによって主張される掘削除去などによる原状回復は，社会的に不合理なものなのだろうか。現実ではなぜこうも，費用効果分析に反するような費用支出が実際に行われているのか。一般市民は，土壌汚染に関する健康リスクについて心配しすぎているだけではないか。こうした問いを考えるうえで，まずは，費用効果分析の基礎となるリスク評価そのものの客観性・正当性を吟味しよう。

不確実性と価値判断
〈リスク評価への疑義〉
　汚染の処理水準を決定する際，土壌・地下水中の有害物質の質・量が問題となる。リスク評価の基礎となる有害物質の有害性評価には，究極的には不確実性と価値判断が付随せざるをえない。有害性評価に基づき，日本では1991年に土壌環境基準が設定されている[4]。

---

[4]　健康リスク削減の効果測定の際，基礎となるのが環境基準である。日本では1991年に土壌環境基準が設定されている（土壌の含有量リスク評価検討会［2001］p.7，中央環境審議会［2008］pp.20-22）。この基準は，WHOが設定するTDI（耐用一日摂取量：Toxic Daily Intake）を基礎とする。人間の健康に深刻な影響を与える最低量である。但し，発ガン性物質のように，有害物質によっては量反応関係の閾値が存在しないものも存在する。こうした場合には，一生涯にわたってガンに罹患する確率が，10万人に1人となるレベルをもって基準としている。人間のTDI中の有害物質の摂取割合は，食品8割，飲料水1割，その他1割と設定されている。土壌環境基準は，含有量基準と溶出量基準とに分かれる。含有量基準は，有害物質を含む土壌を人間が直接摂取することを想定して設定されている。有害物質を粉塵として吸い込む場合や，子供が土遊びをして口に入れてしまう場合である。一生涯，つまり70年有害土壌上に住み，一日当たり子供で200mg，大人で100mgの土壌を摂取すると想定している。また，揮発性の有害物質が大気中に流出した場合も想定している。有害土壌上に一生涯住み続けても，健康に有害な影響が出ない基準として設定されている。また，ダイオキシン類，PCB類，揮発性有機化合物は局所的汚染と考え，汚染土壌上に居住する期間を30年としている。溶出量基準は，汚染地下水を人間

ところで，不確実性に関する経済分析を行った Knight［1921］は，不確実性を以下のように分類した。事象の確率分布が特定できる場合をリスクとし，事象の確率分布が想定できない状況を真の不確実性とした。さらに後者を分類し，いっさいの確率分布が想定できない場合であり，起こりうる事象そのものが不明な状況を完全な不確実性（ignorance）と定義し，他方で複数の確率分布が想定できるが，そのどれが妥当なのかが特定できないものを，ナイト流の不確実性（ambiguity）とした。

一見価値中立と見える専門家によるリスク評価は，評価に伴い，以下のような不確実性と価値判断を伴う。

第1は，健康リスクの定量化の精度についてである。有害物質の有害性評価の多くで，動物実験が用いられる。そして動物実験によるデータを，人間へ外挿する。その際，人間と動物の種差，人間どうしの感受性の差の不確実性を考慮して，100倍以上の安全係数がかけられている（中西他編［2003］p. 243）。そして安全係数は研究者によって異なる。

第2に，発ガン性物質の定量的指標の設定に関する価値判断である。有害化学物質には非発ガン性と発ガン性のものがあり，前者は何らかの健康障害をもたらす曝露レベルである閾値が存在する。他方，発ガン性物質，特に遺伝子毒性を持つ発ガン性物質は閾値が存在せず，ごくわずかの曝露量でも発ガンに影響があり，摂取許容量の設定に困難がある。アメリカ EPA や WHO では，生涯にわたる曝露によって，10万人に1人が発ガンするという確率を，さしあたりの基準としている（中西他編［2003］p. 248）。この立場は裏を返せば，10万人に1人の発ガンを許容する立場である。他方，イギリスでは遺伝毒性発ガン物質の用量反応を数値化せず，曝露を無くすか，曝露レベルを可能な限り削減することを目標としている。こうした摂取許容量の設定に対する立場性の違いから，出てくる政策的帰結は異なるのである。

第3の問題は，何を効果のものさしとするかという点である。確率的生命

が飲用することを想定して設定されている。主に水に溶ける有害物質に関する基準である。70年間，汚染地下水を1日2ℓ飲み続けても，健康に有害な影響が出ない基準に設定している。

では，人間の死というエンドポイントを置いていた。しかし，有害物質の適切な管理による効果は，人間の健康リスクの削減だけではなく，生態系の保全などの効果も有する。一口に健康リスクの内容と言っても，直接死に結びつくものもあれば，死には結びつかなくとも重大なものも存在する。こうした場合に，損失余命と関連させて，医療の分野では健康状態を QOL（quality of life）として定量的に評価することが行われている。健康でない状態で生きることを，生存年数の短縮とみなすものである（産業技術総合研究所　化学物質リスク管理研究センター［2005］p. 80・National Research Council［1989］邦訳 pp. 54-59）。こうしたみなしが妥当なものかどうかは，別途検討されなければならない。

つまり，専門家によるリスク評価も価値判断からフリーではない。リスク評価も各種の仮定・みなしを含むものであり，一定の立場からの評価である。市街地土壌汚染に照らし合わせると，処理水準の根幹となる土壌環境基準の一部は，究極的にはこうした各種の仮定・みなしを含む。さらには，有害物質の地中での挙動，人体への暴露経路などを含めると，不確実性はさらに増す。有害物質の Knight 流にいうリスクと呼べる領域は，意外と限定されるのである。

リスク評価の政策利用について，Shrader-Frechette［1991］は，科学的手続き主義を提起している。フレチェットは，リスク評価をめぐる価値判断について，リスクの評価が科学的な事実のみに基づかなければならないか，若しくは民主的手続きによって倫理的かつ政治的でなくてはならないのか，という問いを立てる（Shrader-Frechette［1991］邦訳 pp. 32-66）。リスク評価をめぐる立場を，文化相対主義，素朴実証主義の2つに分類する。

文化相対主義は，専門家であれ誰しもがそれぞれのリスク認知をしており，個人個人の価値判断から逃れることができない立場と規定する。他方，素朴実証主義者は，リスク評価は倫理的・方法論的な規範的な要素を完全に排除することができるとする立場と規定する。リスク評価は主観的バイアスからフリーであり，中立性を持つという立場である。

この2つの立場に対してフレチェットはどちらも単独では成立しないとする。文化相対主義は，「オール・オア・ナッシング」の論法であり，これによ

ればどんな知識も完全に主観的ないしイデオロギー的価値しか持たなくなってしまう。また，現実の歴史の中で，知識が人類のリスク判断を根本的に変えた多くの事例を説明できなくなってしまう。他方，素朴実証主義は，どんな科学者やリスクアセスメント実施者も，構成上の価値判断からは逃れられないとして成立しないとする。例えば，どのデータを集めてどのデータを無視するべきか，データをどのように解釈するべきか，どのように誤った解釈をさけるべきかに関する評価的前提が，データを集める時には必要だからである。方法論上の価値が経験を構成し，観察の意味を決定し，それが科学とリスク評価に影響を与えることは避けられないという。

そこで，フレチェットは両者の中間に位置すべきものとして，科学的手続き主義を提示する。「リスク評価を合理的な人々による討論や批判にさらし，それを科学者の共同体とリスクの影響を受ける素人市民に修正させる（Shrader-Frechette［1991］邦訳 p. 59）」というものである。フレチェットは結論として，交渉と対抗的アセスメントが必要であるとしている。この点は，リスクコミュニケーションを考えるうえで，非常に示唆に富む。

〈不確実性に伴う予防原則の領域〉

さて，リスク評価において不確実な領域があるとすれば，それだけ予防原則の領域が存在しうることになる。予防原則の定義は多岐にわたるが，その名を社会に広く知らしめしたのは，1992年のリオ宣言原則15であろう。そこでは，「環境を保護するために，予防的アプローチは各国によってその能力に応じて広く適用されなければならない。深刻なまたは回復不能な損害の恐れがある場合には，科学的な確実性が十分にないことをもって，環境悪化を防止するための費用対効果の大きな対策を延期する理由として使用されてはならない」とされている。また European Commission［2000］では，「人の健康に係るリスクの存在または程度に関し不確実性がある場合には，共同体機関は，かかるリスクの存在及深刻性の程度が完全に明白になるまで待つことなく，保護的措置を講ずることができる」とされている。

確かに全ての政策領域におけるゼロリスク対策を積極的に支持することはできない。しかし，健康リスクの評価において不確実性が存在する場合は，ゼロ

リスク対策を否定することも，またできないのである。

リスク分配の不公平性
〈費用便益分析の再検討〉

　上記のリスク評価に伴う不確実性がクリアされた場合であっても，費用便益分析及び費用効果分析による政策利用にあたっては，リスク分配の不公平性に対する懸念が存在する。

　費用便益分析は，そもそもパレート改善を生む変化，つまり私的財の市場取引を発想の基礎に置いている。買い手のWTPが，売り手のWTAよりも大きいので，買い手・売り手ともに損失を被ることなく，少なくともどちらか一方の効用を高めることができるというものである。市場取引においては，買い手のWTP，売り手のWTAという主観的評価に依存するために，正の価格をもって取引が成立した時点で，パレート改善がなされているという想定である。

　他方，費用便益分析が対象とする公共財の場合では，市場取引とは状況が異なる。分析全体としての便益評価が費用を上回ったとしても，人によっては便益のみを享受し，他方損失若しくは費用だけを負担する人が存在する場合が考えられる。便益の帰着の問題である。そのため費用便益分析は，カルドア＝ヒックスが提唱した補償原理という考えを導入することとなった。ある事業によって損失ばかりを被る人と利益を得る人が出た場合，利益を得た人から，損失を被る人に対して適切に補償するという考えである。こうした補償は，現実になされる必要のない仮説的補償原理という想定として成り立っている。つまり費用便益分析は，漠とした社会全体としての効率性概念しか表現していないといえる。当然，所得分配への考慮も仮説的なものにすぎない。

　Mishanの費用便益分析批判をまとめた岡［2002］では，費用便益分析の限界として以下の4つを指摘している。第1に，仮説的補償原理の下では，現実に補償されることが要求されないので，費用のみを負担する人の存在を排除できないこと。第2に，純便益の享受が富裕層に生じ，他方で損失が貧困層に生じ，不平等の方向に向かう可能性があること。第3に，分配の平等以外の概念である，正義や持続可能性などの衡平の概念と対立する可能性があるこ

と。第4に，効率性が分配や衡平に依存すること。

　以上を土壌汚染に照らし合わせて考えてみよう。市土壌汚染の健康リスクは，一定の土地範囲に固着したリスクであり，汚染地周辺住民に偏って帰着する。社会全体としては費用便益分析のテストに合格しなかったとしても，汚染地周辺の一群の人々にのみ健康リスクが集中するという不公平をもたらす恐れがある。

　他方，私的財として市場取引で市街地土壌汚染の処理水準が決定される場合には，より一層公平上の問題が生ずる。富裕層が多い地域ではWTPが多く計測され，他方貧困層の多い地域では，WTPは低く見積もられるであろう。処理水準が予算制約に依存するのである。

　また，現実には市街地土壌汚染の処理水準は，地価と大きく関連している。処理による便益上昇が，交換価値レベルでの地価上昇として直接表れる。高地価地域ではより便益が高く，低地価地域では低く表れる。こうした際に，処理水準は予算制約に依存することになり，不平等なものとなる。

　貧富の格差によるWTPの違いに対処するため，VSLを一定とする提案も考えられよう。だが，社会的費用論で見たように，そもそも擬制的評価であるVSLと，交換価値を持つ市場価値として直接表れる地価を同じ次元のものとして積み重ねて計測してよいのか，疑問が持たれる。

〈費用効果分析の再検討〉

　リスク評価の不確実性の問題はさて置くとして，では，便益の貨幣評価を経た費用との比較衡量を止め，健康リスクの削減などの実物タームでの評価をすればいいのだろうか。つまり費用効果分析である。費用効果分析の何よりの強みは，異なる政策分野ではあっても共通のエンドポイントを置くことによって，政策の優先順位をつけることができることである。例えば，人命の損失の回避という共通のエンドポイントを置くことによって，交通事故対策と土壌汚染対策とのそれぞれの救命費用を算出し，比較することが一応は可能になる。しかし，費用効果分析を具体的な環境政策に適用するには，いくつかのハードルがある。

　第1に，リスク負担，効果の帰着主体の一致・不一致である。費用効果分

析のランキングに基づいて対策が実行・不実行されるが，その際のリスク，効果の帰着構造が問題なのである[5]。費用効果分析上，上位の政策が行われたとしても，上位の政策におけるリスクの負担，効果の帰着構造と，下位のそれらとが，同質性を持っていなければ，両者の比較はそもそも成立しない。往々にして，環境政策による健康リスク低減は，交通事故における死亡者数や，たばこによる発ガンリスクなどと比較され，とかく費用がかかるものとして言われる。費用効果分析上，下位に位置する環境政策の切り捨てが主張される。しかし，こうした切り捨ては，2つの政策によるリスク負担，効果の帰属主体が一致していることが条件である。土壌汚染が持つリスクは低いとされ，とかく他のリスクと比較され，その切り捨てが主張される。しかし，その切り捨てが正当性を持つには，切り捨てたことによるメリットが，切り捨ての影響を被る主体に帰属していなければならない。土壌汚染のリスクは土地に規定され，地域固着性を持つので，この点は特に注意しなければならない。また，帰属主体の一致があったとしても，下位の政策の切り捨てが正当化されるのには，上位の政策が適切に行われることが必要である。

　第2に，破滅性のハザードの受け入れにかかわる問題である。リスクをハザードの大きさと生起率の積と考えた場合，生起率はごくごく少ないが，ハザードは非常に大きいような事象がありうる。原発事故はそれに当たると考えられてきた。リスクとしてみれば小さいが，万が一起こってしまった場合の損害があまりにも大きく，不可逆な場合には，リスクそのものの受け入れを拒否する，つまり原発を受け入れないというゼロリスク対策も考えられよう。ここでは確率ではなく，生じうる結果が問題となる。さらに，リスクを冒すことからくるメリットが大きくない場合には，個人が自分で進んで受け入れたものでない場合は，どんな低い確率でも，拒否する根拠が存在する（Shrader-

---

5) 石原［2004］は，ダイオキシン類の恒久規制にかかる費用と，ガソリン中のベンゼン含有の規制にかかる費用を単純比較して，こうした費用が「社会的機会費用」として同列に論じられることに警鐘を鳴らしている。ダイオキシン類規制の費用が自治体によって負担されるのに対して，ベンゼン規制は産業界の負担である。本来この2つの費用は，全く性質が異なる。費用負担関係を考慮に入れるのならば，費用効果分析のランキングの序列は，さらに慎重に検討されなければならないことを示している。

Frechette［1991］邦訳 pp. 118-119)。

〈リスクの受け入れと許容量〉

　前項の第1のリスク負担，効果の帰着主体の一致不一致とかかわる点だが，リスク評価によって，有害性の定量化が可能だったとしても，それを政策に適用するには許容量に関する社会的合議が必要である。リスク評価において正しい確率分布（つまり Knight 流のリスク）が成立しているとしても，一定の確率で被害は起こる。例えば閾値の存在しない発ガン性物質の場合には，さしあたり 10 万人に 1 人の発ガン発生を，許容量として設定することが多い。しかし，この許容量という概念は，そもそもメリットと有害性のバランスから成り立つものである。例えば，医学上の放射線がこれに当てはまる。放射線はどんなに微量であっても，人体に悪影響を与える。しかし，レントゲンなどで使うことによって有利なこともある。つまり，有害性と引き換えに，便益を得るバランスから成り立っている。"どこまで有害さをがまんするかの量"が，許容量というものである（武谷［1967］p. 123）。

　医療行為を行ううえで，患者本人に当該治療行為によるメリット・デメリットを説明し，あらかじめ同意を得る IC（インフォームド・コンセント）が求められるゆえである。現実にリスクが顕在化し健康被害を受ける具体的個人が，対策をとらなかったことによる便益を享受するという仮定が成立しない限り，許容量というものは厳密には成立しえない。許容量というものは，一方的に押し付けられるものではなく，個人・社会によるメリットとリスクの比較衡量を経た概念なのである。

2.6　リスクコミュニケーション

　では改めて，市街地土壌汚染の処理水準をどのように設定したらよいのだろうか。確かに世の中の事象全てのゼロリスクを望むのは不可能である。だが，リスクの潜在的負担者が，自らがあずかり知らぬリスクを一方的に負担させられるような事態は避けなければならない。その際カギとなるのは，手続き的正当性の確保の手段としての，リスクコミュニケーションである。

そもそも，リスクコミュニケーションはリスク認知研究としてスタートしている。非専門家である「素人」は，なぜリスクを過大に認識し，その受け入れを拒もうとするのか。こうした問題関心に立ったものとして，初期のリスク認知に関する研究が存在してきた。その後リスクコミュニケーションは，「説得的」なものから「相互的」なものへと変わってきた。

リスクの受容：「素人」のリスク認識

これまで，非専門家であるいわば「素人」が持つリスク認知と，専門家が持つリスク認知との差がなぜ生まれるのかという問いには，関心が寄せられてきた。Slovic［1986］，Slovic［1987］はその初期のものである。Slovic［1987］は，30の行為や技術をピックアップし，女性団体（League of Women Voters）・大学生（College students）・社会活動家（Active club members）・専門家（Experts）それぞれのリスク認知の順位づけを調査している（表2.1）。専門家とそれ以外のリスク認知において明瞭な差がいくつか見て取れる。Nuclear power（原子力発電）を専門家は20位としているのに対し，女性有権者・大学生は1位としている。他方，X-ray（レントゲン）は専門家が7位としたのに対し，女性有権者は22位，大学生は17位としている。

日本でも古くから，原子力発電所の是非に関わり，非専門家のリスクのバイアスがどこから生まれるのかについての研究がある（田中［1982］）。ここでも非専門家の原子力に対するリスク認知が大きいことが指摘されている。また，原子力の専門家や原子力に職業上かかわっている人ほど，安全と認知する率が増えるという研究もある（小杉・土屋［2000］）。

こうした非専門家によるリスク認知のバイアスの要因については，いくつかの研究が存在する。Bennett［1999］を紹介した吉川［2000］では，「こわい（dread）」と感じさせ，非専門家のリスク認知が大きくなる場合として，以下を挙げている。①非自発性のリスク，②不公平に分配されたリスク，③個人的な予防行動で避けることができないリスク，④未知・新奇なリスク，⑤人工的

---

6) 非専門家のリスク認知を知覚リスク（Perceived Risk），専門家のリスク認知を実質リスク（Actual/Real Risk）と呼ぶ場合もある。

表 2.1　30 の活動や技術に対するリスク認知

Activity or technology	League of Women Voters	College students	Active club members	Experts
Nuclear power	1	1	8	20
Motor vehicles	2	5	3	1
Handguns	3	2	1	4
Smoking	4	3	4	2
Motorcycles	5	6	2	6
Alcoholic beverages	6	7	5	3
General (private) aviation	7	15	11	12
Police work	8	8	7	17
Pesticides	9	4	15	8
Surgery	10	11	9	5
Fire fighting	11	10	6	18
Large construction	12	14	13	13
Hunting	13	18	10	23
Spray cans	14	13	23	26
Mountain climbing	15	22	12	29
Bicycles	16	24	14	15
Commercial aviation	17	16	18	16
Electric power (non-nuclear)	18	19	19	9
Swimming	19	30	17	10
Contraceptives	20	9	22	11
Skiing	21	25	16	30
X-rays	22	17	24	7
High school and college football	23	26	21	27
Railroads	24	23	29	19
Food preservatives	25	12	28	14
Food coloring	26	20	30	21
Power mowers	27	28	25	28
Prescription antibiotics	28	21	26	24
Home appliances	29	27	27	22
Vaccinations	30	29	29	25

出所：Slovic [1987] より

なリスク，⑥隠れた，取り返しのつかない被害が出るリスク，⑦小さな子供や妊婦に影響を与えるリスク，⑧通常とは異なる死に方をするリスク，⑨被害者が分かるリスク，⑩科学的に解明されていないリスク，⑪複数の情報源から矛盾した情報が伝えられるリスク。

　神戸都市問題研究所［2006］では，住民，つまり非専門家がリスクの大きさを感情に基づき判断する傾向があるとし，その因子として以下を挙げている。

①破滅性－原子力発電所のようにいったん事故が発生すれば破滅的な影響が発生するリスク。

②未知性－そのリスクについて知ることができるか否か。遅発性のリスクや科学的知見が十分でないリスク。

③制御可能性・自発性－そのリスクについて自分たちで制御することが可能なのか否か。自動車運転のように，自分でリスクを引き受け，制御が可能か否か。

④公平性－そのリスクが自分たちだけに押し付けられているものなのか。社会全体でリスクを分担しているのか。

こうした研究から出てくる帰結の1つとしては，非専門家のリスク認知のバイアスを取り除き，専門家によるリスク認知，つまり実質リスクの受容を非専門家に対して説得するという議論がある[7]。そのために「相手方の理解」や「信頼」といったキーワードが重要視される（神戸都市問題研究所［2006］pp. 32-33）。

リスクコミュニケーション

近年日本では，市街地土壌汚染の分野でも，リスクコミュニケーションが語られるようになってきた。土壌汚染対策研究会［2010］では，土壌汚染が発覚した際の地域住民等とのリスクコミュニケーションにかかわる How to がまとめられている。そこでは「リスクコミュニケーションの目的は？」への回答として，「情報の送り手と受け手が相互に理解し合い，信頼関係を構築すること（傍点筆者）」とされている（土壌汚染対策研究会［2010］p. 202）。住民によるゼロリスク要求を緩和するための説得・説明において，信頼関係が重視されていることを示している。非専門家である一般市民が専門家を信頼し，専門

---

[7] 神戸都市問題研究所［2006］では，アメリカにおけるリスクコミュニケーションの歴史的経緯について，①技術的なリスクメッセージ提供の段階（1975-1984年），②説得のためのメッセージの工夫の段階（1985-1994），③対等な立場でコミュニケーションを図る段階（1995-）としている（神戸都市問題研究所［2006］p.27）。

家のいう実質リスクを受け入れるという「説得的リスクコミュニケーション」へと結びつく。

　日本においては「説得的リスクコミュニケーション」が主流であるが，リスクコミュニケーションをいち早く導入したアメリカでは説得的なものから「相互的リスクコミュニケーション」へと変容を遂げている。ここではリスクコミュニケーションの定義として度々引用される National Research Council ［1989］を見てみよう。

　　リスクコミュニケーションは，個人とグループそして組織の間で情報や意見を交換する相互作用的過程である。それはリスクの特質についての多種多様のメッセージと，厳密にリスクについてでなくても，関連事や意見またはリスクメッセージに対する反応とかリスクに管理のための法的，制度的対処への反応についての他のメッセージを必然的に伴う（National Research Council ［1989］邦訳 p. 25）。

一方的な説得・説明ではなく，相互作用的過程だということが強調されている。なぜ，一方的な説得ではうまくいかないのか，そして相互作用が必要なのかという点については，次の3点にまとめられている。

①費用と便益は社会全体に公平に分配されることはない。選択肢の1つにかかる費用につり合った分担以上を負担することになる人々は，その不公正に納得しない。また，科学技術の問題についての対立は，目的の違うグループの対立だから。
②科学技術の問題についての論争は，価値観を対立させるので，すべての関係者を満足させる尺度で社会全体の真の便益を計算するのは不可能である。その価値は政策的過程で議論され評価されるべきだから。
③民主社会の市民は，論争上の政治的問題，意思決定権を委任する制度の仕組みについての討論に参加することを期待するから（National Research Council ［1989］邦訳 p. 24）。

①では，費用便益分析の政策利用における便益・費用の帰着における不公平が述べられている。②からは，リスク評価そのものが一定の価値判断を前提として成り立っており，それに基づき算出された便益計算もまた，価値判断からフリーではないことがいえる。③については，リスクコミュニケーション自体が民主主義を拡充する制度だと言えよう。

次に，リスクコミュニケーションで扱うべき情報としては，以下が挙げられている（National Research Council［1989］邦訳 pp. 38-43）。

①リスクと便益の性質の情報
　　ハザードの大きさ・質，予想される曝露量，危害の確率，曝露の分布，主体による感受性の違い，他のハザードとの関連，ハザードの質，集団に対するリスク，便益の性質・帰着
②代替案の情報
　　当該ハザードを防ぐための代替案，代替行為によるリスク，対策をとらない際のリスク，各代替案の有効性，各代替案の費用
③リスクと便益に関する知識の不確実性
　　入手できるデータの弱点，仮説モデル・推定量，仮説モデルの変化による推定量の変化，推定量の変化による決定の変化の可能性
④管理に関する情報
　　決定の責任主体，法律との関係，決定する際の制約（技術・権限・予算など）

これらの中で，特に注目に値するのが，不確実性，便益・費用の帰着関係，代替案，決定の責任主体といった情報を取り上げていることだろう。
①では，ハザードの大きさ・質に触れている。破滅性のハザードであった場合には，リスクの受け入れそもそもが拒否されるかもしれない。特定の集団へのリスク・便益の帰着に関する情報が挙げられている。②では，代替案の提示が求められる。リスク評価が一定の不確実性の下，価値判断を伴う仮定・みな

しを含むものであるから，複数の代替案があってしかるべきである。③では，リスク評価における不確実性の情報の提示が求められている。そして④では，決定責任が挙げられているのが重要である。なぜなら，不確実性の下でのリスク評価に基づき実行された政策が，当初の予想に反した場合，「予測できなかった」では済まされない場合があるからである。市街地土壌汚染で例示すると，封じ込め処理で一定のリスク管理ができるとされていたが，震災によって地中の有害物質が顕在化するケースが考えられよう。そこが居住地域だった場合には，当初のリスク評価を超える形で，健康被害が懸念されることとなろう。それに伴い，新たな処理費用が発生し，その費用負担が問題となる。この点は，環境汚染の責任と費用負担を考える際に，重要な点である。

　確かに，世の中全てのゼロリスクは無理である。しかし，リスクを負担する，あるいは負担させられる際に，こうした情報の提示と合議があったうえでのリスク負担なのか否かは，決定的な違いである。

小括

　以上，市街地土壌汚染の処理費用と処理水準について概観してきた。通常の経済学の教科書的理解では，社会的出費つまり処理費用と便益を比較して，便益が上回った場合に処理を行うのが是とされる。しかし便益の計測には一定の困難があることを見てきた。特に，社会的損失評価額に当たる健康リスクの計測と，その貨幣評価には一定の困難がある。健康リスクの計測自体にも，一定の価値判断が付随すること，そして不確実性の領域が存在する。そして費用効果分析におけるランキングづけは，慎重な判断が必要なことを示した。

　本章の最初で述べたカップの所説が想起される。カップは社会的費用の計測において，社会的評価と社会的価値の重要性を指摘していた。同様に，リスク評価は没価値的なものではなく，立場性を一定含むものである。ゆえに，現実の処理水準を読み解く際に，政治経済学としてのアプローチが必要となる。

　第5章で詳述するが，現実の市街地土壌汚染対策において，特に高地価地域においては，ゼロリスクにつながる掘削除去が採用されている。こうした事態は，それだけ封じ込め処理に対する不確実性が存在し，重視されているから

である。他方，リスク管理という形で封じ込めを採用するならば，リスクコミュニケーションに基づく情報提示と合議が必要である。本人が与り知らぬところで，一方的にリスク（不確実性を含む）を押し付けることは許されないのである。ゼロリスクを求める汚染地住民の声は非合理なもの，と言いきることは難しい。

　本書の第4〜7章では，日本の市街地土壌汚染の現場において，どのようにして処理水準が成り立っているのか具体的に見る。そのうえで，処理水準の在り方については終章で改めて論じる。

補節　アメリカ CERCLA における How Clean is Clean 問題

　市街地土壌汚染の処理水準はどのようにあるべきか，この問題はアメリカにおいて既に議論されてきた。日本に先がけること約20年前，1980年に CERCLA，通称スーパーファンド法（Comprehensive Environmental Response, Compensation, and Liability Act of 1980）が制定され，市街地を含む土壌汚染の処理事業が行われてきた。CERCLA の下でも，処理水準をいかに設定するかという問題に直面してきた。法の概要については加藤・森島他［1996］を参照するとして，ここでは，CERCLA における処理水準問題，つまり "How Clean is Clean" 問題を見てみよう。

CERCLA の下での処理方法の選択

　CERCLA の下では，連邦・州・自治体による情報や，市民による通報などによって，潜在的な汚染サイトは CERCLIS（Comprehensive Environmental Response, Compensation and Liability Information System）に登録される。EPA（Environmental Protection Agency：アメリカ環境保護庁）は CERCLIS に登録されたサイトについて，予備的調査，現地調査を行い，HRS（Hazardous Ranking System）による危険性評価を行う。HRS のスコアが一定を超えると，NPL（National Priority List）に登録され，スコアの高い汚染サイトから優先的に処理が進められる。

CERCLA は，1986 年の再受権の際，SARA（Superfund Amendments and Reauthorization Act：スーパーファンド修正・再受権法）によって，大幅に修正された。それまでの封じ込め処理中心の方針を変更し，"permanently and significantly reduces the volume, toxicity, or mobility of hazardous substances（有害物質の量・毒性・移動の恒久的・明確な削減）"（42USC9621(b)(1)）という文言を明記した。さらに，処理基準を策定する際，ARARs（Applicable or Relevant and Appropriate Requirements：適用可能なまたは関連性がありかつ適切な要件）という項目が盛り込まれた。これは汚染サイトの修復後の有害物質レベルを，土壌に関する環境基準だけでなく，水・大気などの環境法を含めた連邦法・州法いずれかの厳しい方の基準に従わせるというものである。また，その後策定された National Oil and Hazardous Substances Pollution Contingency Plan, 1990 においては，ARARs を採用しない場合の基準が設定された。非発ガン性の有害物質の場合は，妊婦や子供といった感受性の高いグループが，生涯の全部または一部にわたって有害な影響を受けない程度に処理する。発ガン性の有害物質の場合は，生涯にわたる発ガンリスクが 10^{-4}〜10^{-6} より小さくなるように処理をするというものである。こうした目標を置いたうえで，地域の EPA 行政官は，有害物質の恒久的な削減，短期的な実行可能性，そして費用対効果を考慮し，実際に処理方法を選択するのである（Hamilton・Viscusi［1999］，Viscusi・Hamilton［1999］）。

　こうして選択された処理方法に対して，「どのくらいキレイにすることがキレイといえるのか？」，つまり "How Clean is Clean" 問題が浮上した。その批判の対象は主に 2 点である。CERCLA の下で定められた処理水準の目標が高すぎるという議論，EPA の行政官の裁量に関する議論に分かれる。ここでは CERCLA 下での処理方法・水準の選択にかかわる議論をいくつか見てみよう。

処理方法・処理水準にかかわる諸研究
　CERCLA においては，汚染サイトの処理の進捗状況の遅さが度々指摘されている（Probst, et al.［1995］）。こうした議論の中で，NPL に記載された汚染

サイトの処理の進捗状況の地理的な分布を分析したのが，Hird［1990］・Hird［1993］である。これらのよると，富裕層が住む地域にNPLが集中し，人種的マイノリティの多い地域では，NPLが少なく，またその処理事業の進捗も遅いことが指摘されている。こうした地域差を生み出すのは，政治的発言力の違いが背景にあると，CERCLAの公平上の問題点を提起している。環境政策における人種的な偏りは，アメリカにおいてはかねてからEnvironmental Justice（環境的公正）の問題として扱われている。

　汚染サイトの処理の地域的偏りの議論を受けて，"How clean is clean"問題を提起したのが，Hamilton and Viscusi［1999］・Viscusi and Hamilton［1999］であった。彼らはNPLに記載されているうちの処理事業が進んでいる150のサイトにおいて，処理水準と処理費用を集計した。処理水準を見るにあたっては，生涯の発ガンリスクの削減に焦点を当てている。そのうえで費用効果分析を行った。その結果は，生涯発ガンを1件避けるために，中央値で10億ドルを超える費用が支出されているというものであった（Viscusi and Hamilton［1999］p. 1021）。また，生涯避発ガン効果の高い上位5％のサイトの処理によって，集計サイト全体の発ガン性リスクの99％以上を回避できるという結果であった（Viscusi and Hamilton［1999］p. 1023）。また，生涯避発ガン効果が低いにもかかわらず，膨大な費用を投じて処理を行っている地域は，選挙の投票率の高い地域であり，政治的圧力による処理水準への影響を指摘している（Viscusi and Hamilton［1999］pp. 1021-1022）。スーパーファンド法の下での処理は，費用効果分析のテストに合格しないと結論づけている。

　これとは対照的な研究も存在する。Kiel and Zabel［2001］においては，マサチューセッツ州Woburnの2つのNPLサイトの処理に関して費用便益分析を行っている。この際，便益を計測するにあたって，汚染発覚前，汚染発覚後，処理完了後と時系列に分けて宅地価格の変化を計測。そのうえでヘドニック手法による宅地価格の上昇分を便益として扱っている。処理費用を差し引いたうえでのネットの便益をそれぞれのサイト毎に，1億2,200万ドル，7,200万ドルと見積もっている。先のViscusi等の研究と対比して，こうした数値が出てくる背景として，専門家によって計測される実質リスク（Actual Risk）と，一

般大衆によるの知覚リスク（Perceived Risk）の違いがあると指摘している。つまり，市場で評価されたものは，一般大衆による知覚リスクの削減に伴うWTPだったというものである。

　その他，Kenny and Mark［2007］では，ニュージャージー州のAtlantic City近郊EmmellのNPLサイトを事例に，費用便益分析を行っている。処理目標を，宅地としての再利用の場合，生態系の回復の場合に分けて分析している。宅地としての再利用の場合は，宅地の販売価格を便益としている。他方，生態系の回復の場合には，CO_2の吸収サービス，狩猟や審美的サービスに対するWTP，水の浄化サービスを便益として計測している。費用便益分析の結果はどちらの利用の場合も，約4,000万ドルのマイナスの便益結果であった。周辺地価の上昇を便益に入れなかったことが，これだけのマイナスになった理由の1つとして挙げられている。

第3章　汚染問題の費用負担原理

 土壌汚染への対策には，未然防止，事後処理ともに様々な対策があることを第2章で見てきた。こうした諸対策には，一定の費用を要する。本章では市街地土壌汚染にかかわる諸費用の負担理論について概観する。市街地土壌汚染の未然防止，事後処理においてどのような経済主体が想定されるのか列挙する。そのうえで，費用負担理論を概観する。汚染者負担原則（Polluter Pays Principle，以下PPP）とその類型，PPP拡張論，コースの定理，カラブレジの最安価損害回避者について見てみよう。

3.1　土壌汚染対策の費用負担主体

 市街地土壌汚染対策において想定される費用負担主体を挙げる。
　①汚染者
 汚染者とは土壌汚染を引き起こした主体を指す。具体的には，有害廃棄物を地中に投棄した主体や，有害物質を地中へ浸透させた主体である。日本における法による汚染者負担の規定は，次の2つに分かれる。第1に，土壌汚染に関する法律の中に汚染者負担が明記されている場合である。第2に，不法行為法による損害賠償による汚染者負担の場合である。なお，日本の土壌汚染対

表3.1　想定される土壌汚染の費用負担主体

①汚染者
②土地所有者
③行政
④有害物質の製造者
⑤汚染関与者（輸送者・融資者）
⑥健康被害を受ける・受ける可能性のある人々
⑦将来世代

出所：筆者作成

策法では，土壌汚染の未然防止義務は定められていない。
　②土地所有者
　土壌汚染では，汚染者が現在存在しない，資力がないなど，汚染者負担の適用が困難なケースがある。こうしたことから，多くの国の土壌汚染関連法においては，汚染者だけでなく土地所有者にも処理費用の負担義務を課している。日本の土壌汚染対策法でも，土地所有者に一義的な処理責任を課している。但し，後に汚染者が発覚した際の求償が認められている。
　③行政
　汚染者が現在存在しない，資力がないといったケースも多いことから，行政が費用負担する場合がある。香川県豊島をはじめとして，全国で続発した大規模不法投棄に伴う原状回復事業では，多くのケースで汚染者が破産しており，行政負担で処理が行われている。その行政区画における住民負担とも言える。また，ダイオキシン類対策特別措置法のように，土壌汚染の処理が緊急性を要する場合に，行政がいったん処理・費用負担をして，後に汚染者に費用の一部を求償するといったケースもある。農用地土壌汚染防止法においても，行政が負担・処理し，後に費用の一部を汚染者に求償するという形をとっている。
　④有害物質の製造者
　土壌汚染の未然防止及び事後処理のそれぞれで，製造者の責任が考えられる。土壌汚染の発生に結びつく有害物質の生産そのものを減らすこと，有害性の高い物質の生産を止めることは，重要な土壌汚染対策であり未然防止対策の1つである。日本の「化学物質の審査及び製造等の規制に関する法律（化審法）」における化学物質の有害性評価と，特定化学物質への指定による製造・輸入・使用に伴う規制が挙げられる。他方で，アメリカのCERCLAでは，PRPs（Potentially Responsible Parties：潜在的責任当事者）として土壌汚染に関った幅広い主体に対して，土壌汚染の事後処理責任を課している。その中には有害物質の製造者も含まれている（CERCLAの下でのPRPsについては後述する）。
　⑤汚染関与者
　アメリカのCERCLAの下でのPRPsには，土壌汚染を引き起こした有害物質の輸送業者や，汚染者への融資を行った銀行なども含まれる。こうした何ら

かの形で汚染にかかわった主体に費用負担を求める場合である。
　⑥健康被害を受ける・受ける可能性のある人々
　土壌汚染による健康被害を直接に受ける住民が，自ら費用を負担して処理する場合である。
　⑦将来世代
　将来世代において上記の主体が費用負担する場合である。土壌汚染の一部は，土地の用途改変時に問題が顕在化し，有害物質の性状によっては土地の用途が制限される。また，地中に残る有害物質は時の経過とともに拡散し，将来において処理がより困難になる場合がある。いわば問題の先送りがなされた場合，将来世代がその費用を負担することになる。

　ところで，市街地土壌汚染の対策においては，費用負担主体と実施主体が異なる場合が存在する。例えば，アメリカのCERCLAにおける土壌汚染対策では，EPAがいったん処理を行ったうえで，それに要した費用をPRPsで分割し求償する場合がある。また，日本のダイオキシン類対策特別措置法では，対策の緊急性という観点から，いったん行政負担によって処理を行い，それに要した費用を後に汚染者に求償するという形をとっている。

3.2　費用負担に関する経済理論

　市街地土壌汚染には，上記のような多様な費用負担主体が想定され，また現実に存在している。では環境経済学の理論において，どのような費用負担原理が存在するのだろうか。ここでは，「誰が負担するのか」という点に絞って，PPP（Polluter Pays Principle：汚染者負担原則），コースの定理，最安価損害回避者をそれぞれ見てみよう。

3.2.1　PPP（Polluter Pays Principle：汚染者負担原則）

　環境汚染にかかわる費用を汚染者に負担させる。PPPは，汚染問題の領域において主導的な位置づけを持ってきた。だが，環境汚染にかかわる費用と

いっても多様であり，PPPもバリエーションを持つ。ここではPPPの3つの類型として，OECD（経済協力開発機構）のPPP，日本型PPP，拡大版PPPについて見てみよう。

OECDのPPPと日本型PPP

　PPPが汚染問題にかかわる費用負担の主導原理として認識されたのは，OECDが1972年に出した勧告，「環境政策の国際経済面に関するガイディング・プリンシプル」からである。ここでは国際貿易の競争条件の均等化という目的のためにPPPが提示された。以下，要点を示した箇所を記す。

　環境資源は一般的に有限であり，生産・消費に伴って劣化してゆく。こうした劣化の費用が価格体系に適切に織り込まれなければ，国内・国際レベルにおいて資源の希少性を反映させることができなくなる。稀少な環境の合理的利用と，国際貿易と投資におけるゆがみを防止するための，汚染を防止し管理する手段の費用配分に関する原則が，PPPである。それは，環境が受容可能な状態で享受できるように，公的機関によって決定された措置を実行するための費用を，汚染者が負担するものである（OECD［1975］p. 12）。

　また，本勧告がまとめられたOECD［1975］の序文には，「何を汚染者は負担すべきか？」として，以下が述べられている。

　PPPは，汚染による被害への補償の原則ではない。また，汚染防止の費用を単に負担すべきという原則でもない。汚染防止，汚染回復，若しくは双方であるかにかかわりなく，公的機関によって決定された汚染防止及び管理のいずれの費用も，汚染者が負担すべきというものである。……換言すれば，PPPは汚染に関わる全ての費用を内部化するような原則ではない（OECD［1975］p. 6）。

　ここで注目すべきは，公的機関が定めた汚染に関わる措置を講ずるための費

用は，汚染者が負担すべきという点である。汚染防止のための費用か，土壌汚染などの既に汚染されたストック汚染の回復のための費用なのかは問われていない。また PPP の目的が，国際貿易における競争上のゆがみの防止，国家による補助金による特定産業のダンピングの防止におかれていることである。そのうえで，OECD［1975］所収の The "Polluter-Pays" Principle and the Instruments for Allocating Environmental Cost では，汚染問題を市場の失敗，外部負経済ととらえ，私的費用と社会的費用との乖離を是正する手段として，直接規制，補助金，排出権取引，課徴金などの諸手段を検討している。そのうえで，効率性・公平性の観点から，課徴金，排出権取引を勧めている。同様に OECD［1975］に収められている Beckerman［1975］では，PPP は補助金や課税によって最適汚染水準を実現するピグー的な政策手段だと解されている。

　OECD の PPP について都留［1973］では，公害関連の費用を以下のようにまとめている。

　A 防除費用
　B ダメージ救済費用
　C ストック公害除去費用
　D 監視測定・技術開発・公害行政等の間接費用

　このうち OECD の PPP は，A の防除費用だけにかかわるものとして，当時の OECD 関係者の所説を引いて，その限定性を批判している。また，A 防除費用と B ダメージ救済費用は表裏一体の関係にあり，関連したものとして扱うべき原則だとしている。[1] 筆者の解釈では，OECD［1975］の PPP は防止費用のみに限定したものではなかったが，都留の分類でいう B・C・D の費用についての明示的な検討はなされていない。そして都留は PPP を B ダメージ救済費用まで拡げ，場合によっては C ストック公害除去費用も汚染者に負担させるべきとしている。こうして拡張された PPP のねらいとして，都留は以下

---
1) こうした OECD の PPP の限定的については，馬場・川本［1976］・宮本［2007］でも指摘されている。

の3点を述べている。

1．公害を出す経済活動は，稀少財である環境を使うことを意味するから，それだけ高くつくということを表に出し，かくして，そのような経済活動の製品にたいする消費を抑える効果をもたせること。
2．公害を出してしまって高額のダメージ救済費用を出さざるをえなくなるよりも，防除に金をかけるよう，企業を誘導する効果を持つこと。
3．各公害企業の個別的責任を明らかにする効果を持つこと。

こうした都留の提起を受けて，宮本はA〜Dの全範囲において汚染者の責任に応じて，費用負担すべきとしている。OECDのPPPの限定性と対比させ，日本型PPPをこう述べている。

　損害賠償は原型復旧を目的とし，できるだけそれにちかづけなければならない。公害の防止と制御の分野では，日本の環境基準はこれまで最適汚染水準ではなく健康保持の視点で決められているので，OECDのPPPとは異なっている。OECDのPPPは現行の生産過程や産業構造を前提に静態的に考えて課徴金をとるとしているが，日本の場合にはあくまで人権の立場で重い負担をかけ，その重さのために技術が開発され，産業・地域構造が変わるような動態的な考え方である。また，ストック公害の除去－環境復元・防止などの費用についても，原因者あるいは開発予定者の負担原則が明確でなければならない（宮本［2007］p. 237）。

こうした日本型PPPが，理論的にどのようなメリットを持つのか，必ずしも提示はしていない。だが，日本が経験してきた公害の豊富な経験を例示して，日本型PPPの定着を述べている。そこでは公害健康被害補償制度の下における大気汚染の被害救済，イタイイタイ病における被害者救済とストック公害である農用地汚染の復元事業などに論及している。
　最後に，OECD［1975］における費用負担者を決定する際の興味深い記述に

触れておこう。Pollution and Responsibility 及び Pollution and Power の箇所で，費用負担者を決定する際に，物理的な汚染と，経済的な責任が一致する場合，しない場合があると述べられている。費用負担者を決定する際に重要なのは，物理的な汚染行為主体ではなく，汚染に対応する権限を持った主体に費用負担をさせるべきとしている。農地における土壌汚染を引き合いに出し，化学肥料や殺虫剤による土壌汚染の責任は，農業慣行（を行う農民）と，市場に危険な物質を供給した製造者で分担されるべきであるとされている（OECD［1975］p. 26）。また，自動車公害についても，最終的なユーザーである運転者に費用負担をさせるのではなく，公害を発生させない自動車を作る能力・権限を持っている自動車メーカーに費用負担させる方が，効率的であるとしている。拡大生産者責任や潜在的責任当事者などにつながる，PPP 拡張論と後にいわれる費用負担システムについて提起されていることは，この時代の報告書としては注目されてよい。

PPP 拡張論
〈拡大生産者責任〉

　OECD［1975］における物理的な汚染行為主体と，汚染に対応する権限を持った主体を分け，費用負担システムを考えるというものは，1970年代のPPP では主流ではありえず，汚染行為主体が費用負担をするものと解されていた。だが，その後の環境政策の進展を見ると，PPP 拡張論と言いうる様々な施策が現れ，またその論理が求められてきた。PPP 拡張論にはいくつかのバリエーションがある。ここでは拡大生産者責任（Extended Producer Responsibility，以下 EPR），拡大原因者負担原則，応責原理について見てみよう。

　高度成長期に多くの先進国では大量消費・大量廃棄が進み，最終処分場の逼迫が問題となり，廃棄物の発生抑制が必要となる。これまで行政が担ってきた廃棄物の処理責任を生産者へと移行させる制度が，ドイツをはじめとしてヨーロッパ諸国で作られた。こうした流れは日本にも波及し，1995年には「容器包装に係る分別収集及び再商品化の促進等に関する法律（容器リサイクル法）」，

1998年には「特定家庭用機器再商品化法（家電リサイクル法）」が制定され，EPR の考えは廃棄物政策の多くの分野に取り入れられている。EPR は元々，1990年にスウェーデン環境省から出されたものであり，ヨーロッパに拡大，その後 OECD での3回の検討を経て，各国向けマニュアル OECD ［2000］が出ている。その中で，EPR はこう定義づけられている。

　　EPR とは，物理的及び／または金銭的，製品に対する生産者の責任を製品のライフサイクルにおける消費後の段階まで拡大させるという，環境政策アプローチである。EPR 政策には2つの重要な特徴がある。これは，(1) 責任を（物理的及び／または経済的に，完全にまたは部分的に）地方自治体から上流である生産者にシフトさせ，(2) 生産者に対し，製品の設計に環境上の配慮を盛り込むインセンティブを与えることである。(OECD ［2000］p. 9)

　細田［2003］は EPR の特徴を以下の4点にまとめている。第1に，生産物が使用後の段階に入った時に，生産者は，物理的ないし金銭的，若しくは双方の面で責任を負うことになる点。第2に，EPR は，家庭系の廃棄物，あるいはより厳密に言えば，従来地方自治体の責任で処理してきた廃棄物を目標として設定された概念という点。第3に，EPR が課されると，設計段階において生産物の生涯にわたる環境負荷を小さくするような動機付けが生産者に生じる。環境配慮設計（Design for Environment）を動機付けする点。第4に，EPR は社会的費用をより小さくすることを求めている。上流に発生抑制の効果を課すことによって，全体的な費用の低減が求められているという点である。
　第4の効率性を達成するための施策が EPR であり，それはより川上の主体による廃棄物処理の物理的・経済的負担なのである。こうした効率性が発揮されるのは，何より川上の主体が環境負荷低減を最も費用効率的に行えるからに他ならない。[2] 社会的費用の削減につながる環境配慮設計を行うことができる主

---

2) 細田［2003］は，EPR における処理主体は必ずしも生産者である必要はなく，ケースバイケースで判断すべきとしている。

体に，処理責任を課すという発想である。生産物の全連鎖を見たうえで，最安価損害回避者（3.2.3で詳述する）が生産者である場合に，EPRが適用されるのである。

　最安価損害回避者という観点で，PPPをとらえ直す見解も存在する。PPPが効率性を持ちうるのは，汚染者が汚染の発生源であり，同時に汚染を最も費用効率的に回避できる最安価損害回避者だからという論理である（浜田［1977］・淺木［2006］）。こうしたPPPのとらえ方は，先のOECD［1975］でも断片的に示されてきた。

　では，EPRを市街地土壌汚染と関連づけると何がいえるのだろうか。EPRは効率性の観点から川上の生産者に廃棄物の物理的・経済的責任を負わせるものであった。土壌汚染は過去の経済活動によってもたらされたストック汚染である。汚染が既に起こってしまった段階で，川上の主体に処理させる根拠付けは，効率性の観点からは，フロー汚染に比して薄くならざるをえない。但し，今後の土壌汚染の発生を防ぎ，新たな社会的費用の発生を抑制するという観点からは，一定の根拠を持ちうると言えよう。

〈拡大汚染原因者負担原則〉

　土壌汚染は過去の経済活動による汚染であり，既に汚染者が存在しない，または処理費用を負担できないケースが多々存在する。ストック汚染の処理費用を誰がどのような理由で負担するのか。アメリカにおいて1980年に制定されたCERCLAは，日本でも注目を集めてきた。CERCLAでは処理費用を調達するために，PRPs，そして基金制度を定めており，汚染に直接・間接的に関わった幅広い主体に対して，処理費用の負担を求めている。

　CERCLAの下におけるPRPsでは，以下の汚染にかかわった主体を定め，法の下での土壌汚染の処理，アセスメントに要する費用負担を求めている（CERCLA107条）。

①汚染された施設の現在の所有者及び管理者[3]

---

[3] 1986年に制定されたSARA（スーパーファンド再受権法）では，汚染を知りえず汚染サイトを購入した主体を，「善意の購入者」とし，責任を免除する規定が盛り込まれた（SARA101

②有害物質が施設に処分された当事の所有者または管理者
③有害物質を所有しまたは占有し，他人によるその処分または処理を準備した者
④有害物質を運搬のため受領し，また受領した者

　直接は条文に示されていないものの，これまでの判例で，承継会社，親会社，融資者が潜在的責任当事者に当たるか否か，議論されている（加藤他［1996］pp. 125-196）。また，CERCLA では，連邦による処理費用を調達するため，有害物質信託基金（Hazardous Substances Trust Fund）が作られた。石油税，化学原料税，環境法人税や，一般財源からなる。だが，前者3つの税収入は1995年末に再受権されず，現在は一般財源と，PRPs からの回収分からなる。
　諸富［2002］は有害物質信託基金を，広い意味で土壌汚染の原因となる化学物質と関連している産業セクターに費用負担を課す仕組みだとしている。こうした費用負担の在り方を，直接的な汚染者負担原則に対して，拡大原因者負担原則と位置づけた。そのうえで，CERCLA の下での処理費用がかさむ中で，基金調達の公平性に対する不満が高まり，1995年の再受権がなされず制度の安定性が損なわれた事態を鑑み，ストック汚染の費用負担の在り方に対して，以下の2点が必要だとしている。第1に，費用負担のベースをより公平性の高いものへと改革すること。第2に，潜在的責任当事者あるいは拡大原因者による費用負担を説得的に提示する論理の構築である。
　諸富は第2の点に関して，植田和弘が提起した「特別の利益」にその論理を求めている。植田［1995］では，ストック汚染の費用負担ルールにおける考察を行っている。まず，取引費用の小さい効率的で公平・公正なシステムが志向されるべきであり，その際，汚染地の浄化を促進する，あるいは汚染の発生自体を減らすインセンティブの有無が重要である，としたうえで，「特別の利益」に言及している。

　条（35））。

環境費用の負担を問う根拠は，環境を利用して特別の利益を上げるための活動が，社会の共有資産としての環境を破壊し損害を社会に負担させているという事実，すなわち環境破壊を引き起こす原因をつくりだす経済活動の主体が特別の利益を上げている点に求められる。この観点からは，特別の利益を上げた主体すなわち，当該経済活動の受益者（ここでいう受益者とは，環境対策のような本来支払うべき費用を支払わないことで，特別の利益を獲得した者という意味である）こそが汚染原因者（polluter）なのである（植田［1995］p. 155）。

　PPPにいう汚染原因者とは，経済学的には単なる汚染物質の排出者ではなく，汚染物質を排出する活動によって特別な利益を得た主体を指すのである。その主体は，浄化費用の負担能力を持っているはずである（植田［1995］p. 156）。

　このように，拡大原因者負担原則においては，拡大原因者に対する費用負担の根拠を，本来支払うべきであった費用を支払わなかったことによって発生した特別の利益に求めている。

　しかし拡大原因者負担原則に対する批判も存在する。除本［2007］は，水俣病における患者救済及び環境再生に要する事後的な費用支出を念頭に置き，「特別の利益」によるストック汚染の根拠づけに対して，2点の疑問を呈している。

　第1に，「特別の利益」を費用負担の根拠とする場合，PPPに基づいて負担すべき額が，「特別の利益」の大きさによって規定されてしまう可能性である（除本［2007］p. 45）。たとえ過去に特別の利益を上げた経済主体であったとしても，処理が問題となった時点で処理費用の負担能力があるかどうかは定かでない。第2に，水俣病で特に問題となった行政責任に見られるような，構造的関与が射程の外に置かれる点である（除本［2007］pp. 193-194）。水俣病において通産省及び厚生省は被害拡大に構造的に大きく寄与しているが，チッソのような私的企業と，行政による関与を「特別の利益」で括るのは，無理があるとしている。

〈応責原理〉

　EPR は社会的費用の効率的低減のための施策であった。他方，拡大原因者負担原則は本来支払うべきであった費用を支払わなかったことによる「特別の利益」と，それに基づいた負担能力に根拠を求めるものであった。

　これらの経済的な諸原理とは異なり，社会的費用を発生させた経済主体に対する責任（accountability）そのものを問う議論が存在する。寺西［1997］は，環境被害に直接・間接に関連した発生ないし顕在化している様々な諸費用を環境コストと一括している。そのうえで環境コストの費用負担を検討するための次の 4 つの原理を提示している（寺西［1997］p. 7）。

　①応能原理。負担能力がある，または存在するとみなされる主体に，負担能力に応じて費用負担を求めるものである。②応益原理。利益を受ける，または受けるであろう主体に，利益に応じて費用負担を求めるものである。③応因原理。費用の発生原因をつくりだした主体に，その原因に応じて費用負担を求めるものである。④応責原理。問題に対する責任に応じて，その費用負担を求めるというものである。

　ここで注目されるのは，応責原理である。寺西は環境コストの費用負担において，なぜ，責任が問われなければならないかについて，カップの社会的費用論を引き合いに出し，応責原理を提示している（寺西［2002］pp. 70-77）。外部負経済論が，市場の失敗に基づく資源配分のゆがみを，経済的効率性の観点から是正しようとするのに対して，社会的費用論はそれとは異なるスタンスに立つとする。その違いを，次の 3 点にまとめている。第 1 に，カップの社会的費用論は，何らかのマイナスの諸影響の発生が，市場の内か外かで発生することを問題としていない。むしろ「制度の失敗」を提起するものという点。第 2 に，外部負経済論が経済的効率性に基づく論理であるのに対して，社会的費用論は公平性や社会的公正性という価値基準を重視している点。第 3 に，カップが提起した「考慮されざる費用」や「支払われざる費用」といった概念は，マイナスの諸影響を引き起こす経済主体の責任をどう考えるか，また，マイナスの諸影響に伴う諸費用の，社会的に公正な負担の在り方を提起しているという点である。

ここで問題となってくるのは，応因原理と応責原理との違いである。除本［2007］は，寺西の応責原理を積極的に踏まえ，水俣病における行政責任を念頭に置き，「構造的間接惹起責任」を提起している。ここでは直接的汚染者と間接的汚染者の役割の違いとともに，それらの間の構造的一体性を重視している。実際に汚染行為を行った主体の原因性を説き，費用負担を求め，汚染に何らかの形で関わった間接的汚染者に対して次善的に費用負担を求める立場ではない。そのうえで，各経済主体の責任を明らかにし，問題となる環境コスト支出に対する「責任ある関与」を根拠として費用負担を求めるとしている。

応責原理は応因原理の拡張と言えなくもない。だが応因原理だけでは，水俣病の裁判の過程では，行政責任は専ら「行政の不作為」という形で裁かれてきた。これではチッソや当時の化学産業界と一体となって果たしてきた能動的な行政責任が，積極的にとらえられなくなってしまう。こうした加害構造の一体性を重視するねらいから，応責原理が提示されている。応責原理は，福島第1原発事故における直接の汚染者である東京電力以外の，国や原子炉メーカーの責任，より広くは原発推進を進めてきた利害関係者の責任を考えるうえで，より深い検討が必要であろう。

3.2.2 コースの定理と取引費用

先に見たPPP論のバリエーションは，その費用負担根拠は様々であれ，汚染行為に何らかの関連のある主体が費用負担するというものであった。これに対して本節では，効率性の観点から全く異なる論理で費用負担を論じたCoase［1988］，及びコースの定理，そしてこれら議論が提起する取引費用について述べる。

Coase［1988］の中に収められている社会的費用の問題（The Problem of Social Cost）は，元々1960年に書かれたものである。そこではピグーによって基礎付けられた社会的純生産物と私的純生産物との乖離を，政府介入によって是正するという，一連の外部負経済論に対する批判が展開されている。また，後にコースの定理や取引費用といった環境経済学における重要なキーワードに

つながる諸概念を提起したものであった。

コースの定理とは，以下のように言えよう。完全情報であり，取引費用ゼロの想定の下では，損害賠償責任が誰に課せられるかとは無関係に，効率的な資源配分が達成される，というものである。コースの表現を借りれば，以下のようになる。

　　　費用なしで市場取引が可能ならば，損害責任に関する裁判所の決定は，資源配分に対しては何の影響も与えない（Coase［1988］邦訳 p. 123）。

では，市街地土壌汚染に当てはめて例示してみよう。仮にある市街地で土壌汚染が発覚し，封じ込め・現地浄化・掘削除去という3つの処理方法が提案に挙がったとする。ここでは単純化のため，処理の便益を土地価格の上昇のみとする。また費用は，土壌汚染の事後処理の工事費のみとする。処理費用は，封じ込めが1,000万円，現地浄化が5,000万円，掘削除去が1億円かかるとする。他方，処理を行った後の土地価格は，封じ込めが500万円，現地浄化が6,000万円，掘削除去が7,000万円となるものとする。現実の市街地土壌汚染を考えると，封じ込めと掘削除去の費用が10倍以上の差があることはめずらしいことではない。また，現地浄化と掘削除去の土地価格の違いも，スティグマを考えれば常識の範囲内であろう。こうした状況で，土地所有者が処理責任を負う場合，汚染者が処理責任を負う場合と考えてみよう。

さて，土地所有者に土壌汚染の処理責任が課されている場合である。封じ込めは処理費用の方が500万円かかってしまうので選択しない。現地浄化は5,000万円の処理費用を負担してもなお，土地価格が6,000万円となるので，

表3.2　処理費用と土地価格の仮想例

（単位：100万円）

処理方法	封じ込め	現地浄化	掘削除去
処理費用	10	50	100
土地価格	5	60	70

出所：筆者作成

1,000万円のもうけがあるので採用される。他方，掘削除去は3,000万円の赤字になってしまう。こうしたことから，土地所有者責任の下では，現地浄化が選択される。

　他方，汚染者に土壌汚染の処理責任が課されている場合を考えてみよう。土地所有者は7,000万円の土地価格を求めて，掘削除去を汚染者に対して要求する。だが，汚染者としてみれば，現地浄化に比べて5,000万円高くつく掘削除去を採用するよりは，土地所有者と交渉を行い，土地所有者に対して少なくとも1,000万円の謝金（がまん代）を支払い，現地浄化を採用する。こうすることにより，土地所有者は6,000万円の土地価格＋1,000万円の謝金を受け取る。他方汚染者は，5,000万円の処理費用＋1,000万円の謝金を負担する。つまり，土地所有者と汚染者との間での謝金のやりとりや，裁判などに要する取引費用が無視できる場合には，損害賠償ルールが土地所有者責任であるか，汚染者責任であるかにかかわりなく，現地浄化が採用されるのである。

　所得分配を考えると，土地所有者責任の場合には，土地所有者が自ら処理費用を負担し，土地価格の上昇を享受するので，土地所有者に1,000万円の便益が発生し，社会的便益も1,000万円である。だが，汚染者に処理責任が課されている場合は，汚染者が6,000万円を負担し，土地所有者は7,000万円を手にする。土地所有者責任と比較すれば，社会的な便益は同じく1,000万円だが，その所得分配に大きな違いが発生する。

　つまり，コースの定理の帰結は，取引費用がゼロの仮定の下ならば，損害賠償ルールがいずれであっても，最適汚染水準（効率性）が達成されるというものである。つまり，社会全体の効率性を追求する観点からは，費用負担者は誰でもよい，ということになる。そしてコース自身も認めているように，コースの定理には分配や公平性への配慮はない。これはコースが，「問題の相互的性質」として一貫して主張しているところである（Coase［1988］邦訳 p. 112）。コースは効率性を徹底して追求し，こう述べている。

　　問題の所在はすべて，有害な影響を除去することで得られるはずの利得を，その継続を許容することで得られるはずの利得と，比較衡量することにあ

る」(Coase［1988］邦訳 p. 147)

　では，コースがゼロと仮定していた取引費用を入れればどうなるのであろうか。Coase［1988］の中で，コースは明示的に取引費用を導入したうえでのケースを挙げていない。だが，取引費用を組み込んだうえで，さらに効率性を追求すべきと主張している。

　　こうした権利の再配置が企てられるのは，再配置の結果生まれる生産物価値の高まりが，その再配置達成に必要となるコストを上回る時に限ってである（に：引用者）すぎない（Coase［1988］邦訳 p. 135）

　再び土壌汚染の例で考えてみよう。土地所有者責任の場合は，自らの土地の土壌汚染を自らの費用負担で処理するので，他者との交渉や訴訟などの取引費用はゼロだと考えてよい。土地所有者は現地浄化を選択し，社会的便益として1,000万円が発生する。
　他方，汚染者が処理責任を課された場合，取引費用が発生するとしよう。汚染者探索，因果関係の立証などの様々な費用がかかる。土地所有者は当然7,000万円の土地価格を求め，掘削除去を要求する。だが，こうした責任追及のための訴訟などに2,000万円要するとなると事情は変わってくる。先の例と同様に，汚染者は1億円を要する掘削除去を避けるため，現地浄化への変更を土地所有者に要請し，1,000万円の謝金を払う。結果，汚染者は現地浄化の処理費用5,000万円と謝金1,000万円を負担し，他方土地所有者は土地価格6,000万円と謝金1,000万円を手にする。しかし，土地所有者は2,000万円の取引費用を負担するので，実質5,000万円を手にする。この場合，社会的便益は－1,000万円になり，社会的な効率性は損なわれることになる。土壌汚染の処理自体が社会的に非効率な選択となる。
　つまり，誰に処理責任が課せられるのかによって，取引費用が異なり，資源配分に変化が生まれるのである。先ほどのコースの引用に立ち返ってみよう。土地所有者責任から，汚染者責任への損害賠償ルールの転換のような，権利の

再配置が是認されるのは，こうした権利の移転による社会的便益が，その再配置達成に必要となるコスト，つまり取引費用を上回る場合に限られる，と読み替えられる。つまり，処理責任の責任主体の変更は，純便益＞取引費用の場合に，是認されるべきということになる。

　コースの定理は，取引費用ゼロの下では，損害賠償ルールのいかんを問わず，効率的な資源配分が市場的取引によってなされるというものであった。だが，取引費用は現実には存在し，費用負担主体によって処理水準は異なる。そして，取引費用もまた費用の1つであり，純便益＞取引費用の場合でしか，権利の置き換えを認めない。コースの所説に基づくならば，現存の費用負担ルールをあえて変えることを要求しない現状肯定的な政策論になる。

3.2.3　カラブレジによる最安価損害回避者

　コースによる権利の相互的性格と取引費用の提起を受けて，最安価損害回避者の概念を提起したのが，カラブレジである。その主著『事故の費用』Calabresi［1970］Cost of Accident から，その考えの概要を見てみよう。

　カラブレジは交通事故及び事故法をその分析対象とする。事故法の主要な機能を，事故費用と事故回避費用との総和を低減するものと規定する（Calabresi［1970］邦訳 p. 32）。そして，事故費用ないしは損失の低減という目標を置き，その内容を第1次，第2次，第3次費用の低減に類別する（Calabresi［1970］邦訳 p. 33）。

　第1次費用は，事故数及び事故の重大さの低減である。これには，市場価値を持つものと持たないものが存在する。カラブレジは，生命のように市場価値を持たないものであっても，擬制的に計測する意義を認めている。また，社会もそれを行っているとする。

　　人身損害が完全には金銭に換算しえない要素を含んでいることから，われわれは，人的損害を評価するいかなる方法にも完全に満足することができないであろう。すなわち，それらを金銭に換算するいかなる方法も完全に十分なものとはならないであろう。それにもかかわらず，われわれは，実際には，

ある点を境に，そのような損害を回避する費用がその損害の費用を上回るようになる，という言い方をする。すなわち，ある点を境に，われわれは，損害が値段を付けられないものではないことを暗に意味している事故を受け入れる決定を行っている。このことは，それらの費用についての何らかの評価が避け難いものであることを意味している（Calabresi［1970］邦訳 p. 242）。

つまり，事故を受け入れるという社会的決定をすることによって，市場価値を直接持たないものに対しても，何らかの擬制的評価を現に行っているのである。

第2次費用は，事故によって生じる社会的・経済的な地位劣化と規定される。第2次費用の低減として，損失の分散を求めている。その根拠として，限界効用逓減の理論を挙げ，貧者よりも富者から徴収する一定額の方が，より好ましいとする。より具体的には，費用負担能力のない主体に事故の費用負担が集中することや，ゆえに補償が受けられない主体が出てくるなどを避けることが，その低減の内容である。第2次費用の分散のシステムとして，カラブレジは社会保険，私的保険，企業責任について考察している。

第3次費用を，カラブレジは運用費用と呼んでいる。運用費用とは，第1次費用と第2次費用を低減するために要する費用である。これはコースの議論でいう取引費用に当たるであろう。3つの費用分類を行った後に，事故費用の低減を（一般的抑止，つまり）市場に委ねる場合として[4]，コースの定理と類似した状況設定をする。

　　事故費用の任意の最初の負担者が（取引費用［transaction cost］と情報費用［information cost］がなかったならば）事故費用を最も低減するであろう行動の修正を達成するために「買収する（bribe）」価値が最もあると考

---

[4] カラブレジは，事故費用低減の手段として，一般的抑止と特定的抑止の2つの手段を挙げる。一般的抑止は市場メカニズムを通じたものであり，特定的抑止は禁止の措置やペナルティを含む行政などによる命令的措置を指す。本論では，主にカラブレジの一般的抑止について述べる。

るであろう行為ないし活動に，事故費用を配分するであろう（Calabresi [1970] 邦訳 p. 155)。

　取引費用と情報費用をコースの言う取引費用とし，「買収」はコースが「謝金」としたものと意味合いを同じくするならば，取引費用ゼロの仮定の下では，事故費用の費用負担者が誰であっても，社会的効率性が達成されるとする。
　では，取引費用が存在する場合はどうなるのであろうか。カラブレジは，最も安価に事故を回避することのできる主体に事故費用の負担を課すべきとする。つまり最安価損害回避者である。最安価損害回避者を決める基準として次の3つを挙げている（Calabresi [1970] pp. 163-173)。
　第1は，運営費用＜回避費用という要件である。運営費用はコースのいう取引費用であり，最安価回避者を探し出す費用や，交渉に要する費用などを含む。他方回避費用とは，カラブレジの用語では，権利の置き換えを行った結果回避された費用であり，権利の置き換えによる便益と解することができる。つまり，便益＞取引費用の場合に，最安価回避者のテストに合格するというものである。これはコースの定理の帰結と通ずる。
　第2は，外部化を回避するという要件である。換言すれば，なるべく費用を内部化させようというものである。これはさらに細かく3つに分かれる。①不十分なサブカテゴリー化による外部化の回避である。これは自動車保険を念頭に置いた場合に，危険運転者と安全運転者を一括して扱ってしまうことによって生じる外部化が当てはまろう。だが他方，細かすぎるカテゴリー分けは，保険制度そのものを不必要とさせる。②転嫁による外部化の回避である。1次的な費用負担主体ではあるが，他者にそれを転嫁できるケースを考えなければならない。こうした場合，費用を転嫁された主体，つまり実質的な費用負担主体となる者が，費用回避の可能性を持っているか否かがチェックされなければならないとする。③不十分な認識による外部化の回避である。費用を課された主体が，自己の行動による危険を正確に予見することができない場合に，外部化が発生する。つまり，費用を課された主体が，正確に費用便益分析を行うことができることが，回避の条件となる。

第3は，最良贈賄者（best briber）を見つけるという要件である。最安価損害回避者が分からない場合に，最も安価に取引に入れる者に事故の費用を負担させるものである。カラブレジの言う買収，そしてコースの言う謝金をやりとりする際，取引費用が安価な主体に負担させるというものである。事故費用を生み出す主体と，最も安価に取引を行うことができる要件として，カラブレジは以下の2点を示す。①事故費用を生み出す活動を行う者が，事故費用の危険を十分に認識すること。②最も有利な買収の相手方を容易に発見できること。

　こうしたカラブレジの最安価回避者を発見するためのガイドラインを受けて，大塚［1994b］は，市街地土壌汚染の処理責任主体について考察をしている。1次費用（社会的費用），2次費用（経済的な地位劣化），3次費用（取引費用）のそれぞれの低減という効率性の観点から述べている。まず，1次費用の低減をしうる主体として，国・地方公共団体を挙げている。これは最良贈賄者として，取引に入りうる交渉力を有しているからである。また，汚染者も情報を有していることから最良贈賄者に当たるとする。そして2次費用の損失分散については，一定規模の資力を有する国・地方公共団体，そして大企業を挙げている。3次費用については，汚染者が当該土地を所有している場合は汚染者責任が妥当であるとしている。他方，既に汚染者の所在が明らかでない，費用負担が困難である場合には，土地所有者や国・地方公共団体が費用負担することが妥当だとしている。

小括

　第2章では，処理水準論そして第3章では費用負担論を概観した。これら諸理論は，現実を読み解くうえでのカギとして位置づけもできるし，規範理論として現実の諸問題に対する処方箋としての位置づけもできる。また，費用負担主体を決定する際に，効率性に基づくか，公平性に基づくか，議論の1つの分かれ目になっている。

　第4〜7章では，市街地土壌汚染の具体的ケースに入る。市街地土壌汚染において，汚染者負担とはなっていないケースが多々ある。そして多くの潜在的な汚染地が放置されていることを示す。こうした事の1つの要因は取引費用

の存在である。しかし，それらの放置が真に効率的なものなのかは疑問である。第2章で述べたように，リスクが明らかでない状態での放置が，正しい社会的費用を反映したものかどうかは定かではないからである。また，市街地土壌汚染の場合は，リスクの多寡及び有無を明らかにすること自体に，一定の費用を要する。これらの点については，第9章で改めて検討する。

第4章　東京都6価クロム事件
　　　　封じ込め処理の帰結

　本章では，日本初の市街地土壌汚染処理である東京都6価クロム事件について論じる。1975年に発覚した本ケースは，アメリカのCERCLAの制定の契機となったラブカナル事件の顕在化よりも早く，世界的に見ても初期の市街地土壌汚染問題であった。

　本ケースの特徴は以下である。第1に，ファーストケースであったがゆえに，土壌汚染処理のルールが無かったことである。汚染の規模が大きく地権者も多いため，損害賠償請求が難しかった。そのため東京都は，世論を背景にPPPを汚染者に課そうとした。結果，汚染者と東京都の間で協定が結ばれ，それに基づき汚染土の処理が行われている。

　第2に，封じ込め処理が採用されたことである。汚染者は，当面発生した処理にかかわる実費の大半を負担しているが，処理方法が封じ込めであったため，不十分な汚染者負担となっている。また，封じ込め処理を行った土地を，最終的に行政が買い取ることによって，より一層PPPをゆがめるものとなっている。

　これまで東京都6価クロム事件に関する言及は，川名［1983］等，工場内

写真4.1　6価クロム汚染土の処理工事（2005年10月筆者撮影）

での6価クロム曝露による職業病に関するものが多い。土壌汚染処理に関するものに田尻［1980］があるが，処理対策の実態にまで踏み込んだものではない。

市街地土壌汚染問題は，「考慮されざる費用」の先送りの結果，発生しているものである。本ケースは30年以上前の事件であるが，2011年現在も汚染土の処理が続いている。また封じ込め処理であったため，本事件は終わりを見せていない。その歴史的教訓を見てみよう。

本章の流れは以下である。まず，汚染の様態について見る。次に協定という処理ルール締結までの推移，協定に基づく汚染土処理，そして費用負担の実態について述べる。

4.1　6価クロムの生産と廃棄

日本化学工業（以下、日化工）及びその前身の棚橋製薬所・日本製錬は1908～1973年の間，東京都江戸川区小松川の小松川工場でクロム塩類を製造してきた。棚橋製薬所はクロム塩類の数年間の試験生産を経て，1915年に本格生産に入り，社名を日本製錬とした。第1次大戦により，それまでドイツに依存していたクロム塩類の輸入が止まったためにクロム塩類の需要は大きく伸び，日本製錬は発展した。1933年にロータリーキルンを導入し，クロム塩類の生産量はさらに伸びた。1935年には，日本化学工業を合併，社名を日本化学工業に変更する。第2次大戦後は，朝鮮戦争の特需及び高度経済成長に乗って順調に発展した。1969年，小松川工場付近一帯は東京都の市街地再開発地域に指定された。小松川工場の生産設備は山口県徳山に移転され，1973年に閉鎖された（小島・吉井［1976］pp. 76, 200。日本化学工業ホームページ https://www.nippon-chem.co.jp/index.php）。

小松川工場でのクロム塩類の生産に伴い，少なくとも57万tを超える6価クロム鉱さいが発生した。これらのうち判明しているだけでも，未還元処理の6価クロム鉱さい約25.7万tが陸上に埋め立てられた（表4.1）。昭和初期の小松川工場敷地は，旧中川と荒川に囲まれ，周辺は湿地帯であった。小松川工場

写真 4.2 日化工小松川工場（川名 [1983] p. 42 から転載）

表 4.1 日本化学工業㈱小松川工場の操業期間，鉱さい発生量，処分量及び処理方法

(単位：t)

	重クロム酸ソーダ生産量	鉱さい発生量（推定）	鉱さい処分量	処分方法
1915 年(操業開始) 1933 年(本格生産開始)	不明	不明	不明	不明
1939 年〜1964 年	191,415	247,700	不明	不明
1965 年〜1974 年（1973 年 12 月生産停止）	247,185	326,000	327,550	未還元処理の埋立－257,420 還元処理後の埋立－23,660 海洋投棄（還元処理後）－65,200 骨材利用（焙焼還元後）－4,930

出所：東京都公害局 [1975] p. 10 に筆者加筆

周辺一帯に，大量の 6 価クロム鉱さいが投棄された。運搬は日化工自身と，下請け会社の共立運保が行った。投棄の際，「雑草が生えない」，「縁の下にまけばネズミもアリも近寄らない」と言い，人体への有害性を知らせない場合がほとんどであった（川名 [1983] p. 29）。だが実は，日化工は 6 価クロム鉱さいの有害性を認識していたとされる（東京都公害局 [1978] p. 8）。投棄地点は小松川工場周辺の他，東京都羽村市，神奈川県横浜市，千葉県市川市行徳・市川市本行徳・市川市欠真間・浦安町までわたった（東京都公害局 [1975] p. 10）。

1969 年，東京都は，荒川と隅田川に挟まれた江東区のデルタ地帯を，市街地再開発事業地域に指定した。当事業の目的は，数多くの建物が密集する職住

表 4.2　東京都6価クロム事件略年表

1908年	現日化工小松川工場にて重クロム酸カリの試作に着手。
1915年	日化工の前身である日本精錬設立。小松川工場で重クロム酸ソーダ，同カリの量産化を図る。
1925年	日本製錬のクロム鉱滓投棄が本格化。
1937年	クロム酸塩の生産が戦前のピークに到達。日本精錬小松川工場は世界第3位のクロム工場となる。
1950年	毒物及び劇物取締法制定。重クロム酸，無水クロム酸を第2類物質に指定。
1970年	日化工は山口県徳山に進出。翌71年から重クロム酸塩などの生産に進出。
1971年	「廃棄物処理および清掃に関する法律」施行。この時点でクロム鉱滓投棄が違法になる。
1973年	東京都が日化工から買収した江東区大島9丁目の地下鉄工事現場に，日化工の捨てたクロム鉱滓が埋まっていることが判明。
	堀江町の住宅用地のクロム汚染が東京都に通報される。東京都は周辺を現地調査。投棄を確認し，首都整備用，公害局，江戸川区で応急対策を実施。
1974年	日化工，小松川工場のクロム生産を停止。
	東京都は，自らが行った大島9丁目地下鉄工事現場のクロム汚染土壌処理の費用を日化工に請求する。計13億4600万円の対策費の損害賠償請求の訴えを起こす。
	「墨東から公害をなくす会」が江戸川区堀江町の6価クロム問題を新聞発表。一気に社会の関心が高まり，連日新聞報道される。
1975年	「6価クロムによる土壌汚染対策専門委員会」(以下「専門委員会」)発足。
1977年	専門委員会が東京都に報告書。汚染土壌の現地完全封じ込めを勧告。
	専門委員会の報告書を受けて，東京都が「6価クロム鉱滓による土壌汚染対策に関する基本方針」を発表。土壌の恒久処理は，すべて汚染原因者である日化工が行うよう要請。
	「住民参加によるクロム公害対策会議」が発足。全国初の「官民共闘」と言われる。
	「廃棄物の処理と清掃に関する法律」が改正される。6価クロム「鉱滓」は，1.5PPM以上は遮断型の処分場へ，未満は管理型の処分場へ処分することが法律で義務づけられる。
1979年	日化工と東京都が「鉱滓土壌の処理等に関する協定書」を締結。
1986年	大島9丁目地下鉄工事現場のクロム汚染土壌処理費用負担を，東京都が日化工に求めていた裁判が和解に達する。日化工が都に約13億円支払うこととなる。
1992年	6価クロム最終処分場跡地の「風の広場」の側溝から高濃度の六価クロムが検出される。
1994年	江東区東砂障害者施設建設予定地より，新たなクロム鉱滓が発見される。
	6価クロム「鉱滓」最終第2処分場の着工。
1995年	江東区が処理をするのは不当だとして，「東砂障害者施設六価クロム処理費用返還訴訟」を住民団体が提訴。
2001年	「東砂障害者施設六価クロム処理費用返還訴訟」和解に達する。日化工が江東区に1650万円を支払う。
2012年	6価クロム最終処分場跡地「風の広場」周辺に，6価クロムが漏出。土壌環境基準の220倍。
2013年	6価クロム最終処分場跡地「大島小松川公園」近くの排水溝の水から，6価クロムを検出。土壌環境基準溶出量基準の3000倍。

出所：筆者作成

図 4.1 6価クロム鉱さい投棄地点

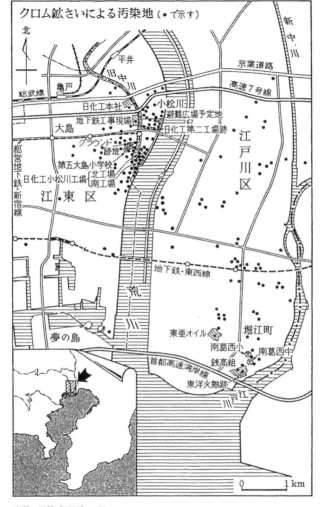

出所：田尻［1980］p. 65

近接地域の不燃化と，震災対策の防災公園の建設であった。指定地域は江東区の亀戸9丁目，大島7・8・9丁目，東砂2丁目，江戸川区の小松川1・2・3丁目である。小松川工場周辺へ投棄された6価クロム鉱さいは，当該土地を

東京都が買収・開発したことによって明るみに出た。1973年，東京都都市計画局・東京都交通局が買収した江東区9丁目の日化工グラウンド・倉庫跡地から，大量の6価クロム鉱さいが発見された。同年，江東区堀江町からも6価クロム鉱さいが発見された。1975年，住民団体が堀江町の6価クロム鉱さいによる土壌汚染を自主調査し，発表した。これを受けて，東京都公害局が付近の汚染土壌の本格的な調査を行った結果，江東区大島・亀戸・東砂・北砂，江戸川区小松川・堀江町と広範囲にわたる汚染が明らかとなった。日本初の市街地土壌汚染の顕在化であった。

2000年12月までに，東京都が把握している限りの処理地点は291ヵ所，処理総面積は40万m^2以上である（図4.1）。6価クロム濃度1,000ppm以上の汚染土量は34万t以上，6価クロム濃度1ppm以上1,000ppm未満の汚染土量は77万t以上である[1]。

4.2　東京都によるPPPの推進

6価クロム事件が顕在化した1975年当時の日本は，反公害運動が盛り上がった時期であり，当事件は大きな社会的注目を集めた。汚染土壌の処理に際して東京都は反公害の世論を背景に，PPP（汚染者負担原則）を掲げた。しかし当時は，市街地土壌汚染に対する法制度は無く，結局は東京都と日化工との間での協定締結という形をとった。ここでは，協定締結に至る経緯を述べよう。

6価クロムによる土壌汚染対策専門委員会による処理勧告

土壌汚染の顕在化を受けた東京都は，1975年に6価クロムによる土壌汚染対策専門委員会（以下，専門委員会）を発足させた。6価クロム鉱さいによる土壌汚染の有害性と，具体的な処理工法を調査するためであった。1977年，専門委員会は，「6価クロム鉱さいによる土壌汚染対策報告書」を提出した。

---

[1] 「住民参加による日本化学工業クロム公害対策会議関連資料集」における「処理完了地一覧」及び，「住民参加による日本化学工業クロム公害対策会議総会資料」における各年度「処理状況」より筆者が集計した。

その内容は，6価クロム鉱さいによる土壌汚染，地下水汚染，河川への流入を認め，日化工小松川工場での職業病の教訓を踏まえ，周辺住民への健康被害の可能性を認めるものであった。また，低濃度・長期間曝露の危険性，乳幼児・妊婦等個体による感受性の違いを重視した。そして鉱さい投棄地の近隣住民の多くから非特異的反応としての呼吸器症状等の訴えがあった事に注目し，「労働環境におけるような疾病の発生までその影響の確認を待つ必要はなく，非特異的可逆反応をもって環境汚染の影響と考えてよいはずである」として，汚染土の処理を勧告した。そして予防原則を掲げ，6価クロム鉱さいの処理を勧告した（東京都公害局規制部特殊公害課［1977］pp. 131-134）。

勧告内容は次のようなものであった。①鉱さいを含む汚染土壌の現地でのできる限りの封じ込め，②汚染が表層のみで小規模の場合には既に実施された応急対策の補強の実施，③処理対策後の地下水利用の禁止，④住民参加の下での長期的な環境モニタリング・地域住民の健康管理の実施，⑤3価クロムの毒性についての研究，⑥本事件を契機とした鉱さい等の産業廃棄物の処理に関する対策，である。

処理工法は汚染土の搬出先がないこと，焙焼方式は社会的・技術的に問題点が多いとして，現地での封じ込めが勧告された。6価クロム鉱さいを還元剤によって3価クロムに還元した後，吸着剤で固定化する。そして，地下水への漏出を防止するため，鋼矢板などの仕切りで遮断するというものであった。処理実施後には再掘削がないように，公共の管理に委ねるよう勧告した。

PPPを掲げた東京都

専門委員会の勧告を受けた東京都は，「6価クロム鉱さいによる土壌汚染対

---

2) 土壌汚染が発覚したことがきっかけとなって，日化工小松川工場内の労働者のクロム曝露による健康被害が明るみに出た。その後，日化工を相手どった大型職業病裁判となった。1975年から39遺族，被害者87名が12次にわたって日化工に損害賠償責任を求め，東京地裁に提訴した。1981年，東京地裁は日化工の不法行為責任を認め，原告等に総額10億5,000万円を超える損害賠償の支払いを命ずる判決を下した。その後，原・被告間の自主交渉がなされ，被告は控訴することなく判決に従い，原告に謝罪するとともに，証拠不十分で敗訴になった原告の補償を含めて，2億1,000万円の上積金を支払うこととなった。事件の経緯に関しては，西村［1981］・西原［1981］・斉藤［1982］・川名［1983］に詳しい。

策に関する基本方針」を発表した。その内容は，①汚染土壌の処理方法は専門委員会の報告に基づく方法で行う，②鉱さいによる汚染土壌の処理及び，これに伴う2次公害の発生防止措置は，PPPにより6価クロムの排出者である日化工の責任において遂行させる，というものであった。

しかし1977年当時，市街地における土壌汚染の処理責任を汚染者に課すことを，直接の目的とした法律は存在していなかった。私法による損害賠償請求も検討されたが，断念された。その理由として，数多くの汚染地所有者が，全員損害賠償請求をしないと，広域的汚染についての一括解決ができなくなってしまうと考えられたからである。また，汚染地所有者それぞれが原告となり，自分で裁判費用を出して長い裁判をしなくてはならないからでもあった（田尻［1980］p. 96）。その他，公害防止事業費事業者負担法，廃棄物処理法の適用及び改正が検討されたが，いずれも断念された（東京都公害局［1977］）。

住民参加による日本化学工業クロム公害対策会議の設立

こうした中，東京都は在野の運動団体と共同して，日化工にPPPに基づく費用負担を求めた。6価クロム事件の発覚以来，その処理の在り方をめぐって，労働組合・地域住民団体・消費者団体・反公害団体・学生サークル・婦人団体などの多様な運動団体が，日化工・東京都に対して要求活動を行っていた。これら諸運動団体は，土壌汚染の処理に関して日化工に費用を負担させるという目的では一致していた。1977年12月，「住民参加による日本化学工業クロム公害対策会議（以下，クロム対策会議）」が設立された。東京都と住民団体等が共同して会議をつくり，その会議をもって日化工と自主交渉しようというものである。[3] 当時，「官民共闘」方式と言われた。クロム対策会議は，日化工と

---

[3] 当時，東京都知事であった美濃部亮吉は，クロム対策会議設立に先立った行政と住民との対話集会「クロム公害問題を考える」において以下のように述べている。「日化工に対し，PPPの立場に立って，公害は公害をつくり出した者に始末させるという原則を貫くためには，何としても地域住民のみなさんをはじめとする広範な都民世論の強い支持が不可欠であります。汚染原因者負担の原則は，長い公害の歴史が生み出した貴重な遺産であり，公害に苦しむ市民の立場からは，当然の社会正義，当然の道理以外の何ものでもありません。しかしながら，現実の制度は，まだ，そういう市民の感覚と主張に追いついておらず，例えば，この問題についても，これを持ち出せば必ず日化工に負担させられるというよう

の自主交渉だけでなく，現在でいうところのリスクコミュニケーションの場としても機能した。

　クロム対策会議のいくつかの特徴を見てみよう。クロム対策会議は，多様な運動団体，地域住民，研究者，そして行政が構成上対等な関係で成り立っていた。会議決定には地域住民や諸団体が参画できる形をとっていた。また会議での議論の内容は，処理方法や，環境及び健康モニタリングに関する情報共有だけでなく，処理方法そのものの是非など，内容そのものの検討まで含んだ。つまり，行政から住民への「説明会」という形をとらなかった。クロム対策会議は，各地の汚染地域住民とのコミュニケーションも積極的に行った。汚染地域での住民の被害・要望について相談を受け付けるために，クロム対策相談員を配置した。クロム対策研修会で研修を経た相談員100名近くが，地域住民とクロム対策会議とのパイプ役を担った。1978年2～5月にかけて江東区・江戸川区各所において，それぞれ6回ずつ住民説明会・集会を開催している。その後，クロム対策会議は，6価クロム事件が世間の注目を集めなくなった1990年半ばまでモニタリング結果の公開などの場として機能した。

　クロム対策会議と東京都は，日化工に対して交渉のテーブルに着くように再三にわたって要求してきた。しかし日化工は，約1年間にわたってクロム対策会議との交渉を拒み続けた。

4.3　協定の締結

　東京都と日化工の交渉でポイントとなったのは，処理方法の転換であった。専門委員会は現地処理を勧告していたが，交渉の結果，集中処理方式が採用された。集中処理方式とは6価クロム鉱さいを日化工小松川跡地に搬入，まとめて処理し，処理済み鉱さいを当工場跡地に埋めるというものである。これにより処理費用の圧縮，防災公園の建設，汚染土の公共管理ができるというねらいがあった。協定要旨には，「土壌処理と防災の一括解決という大局的見地に

な条文は，どの法律にも載っていないのであります（東京都都民生活局［1978］p.37）。」

立った本問題解決」と述べられている。

当初，専門委員会が提言した現地処理方式だと，処理費用は数十億円と見込まれた。また，6価クロム鉱さいを一度工場の中に持ち込み，焙焼させてクロムを安定させてから処理する焙焼還元方式は，処理費用が約65億円かかるといわれた（東京自治問題研究所「月刊東京」編集部［1994］p. 241）。しかしこれら処理方法は，費用が高額であるとの理由で採用されなかった。他方，集中処理方式ならば，処理費用概算は29億6,500万円に圧縮されるというのである（東京都公害局［1979］）。

東京都は小松川工場付近に防災公園の建設を迫られていた。市街地再開発地域一帯はゼロメートル地帯であり，地震避難対策として避難広場などをつくる防災計画が決定されており，1971年から計画が進んでいた。防災公園を建設するにあたって，日化工の小松川工場跡地に覆土する必要があった。当工場付近はゼロメートル地帯で，防災公園を建設するに当たり，地面から数メートル覆土する必要があった。そこで鉱さいを当工場跡地に持っていき，上積みするというのである。

集中処理方式の採用によって，汚染土の公共管理ができるようになるという。小松川工場は元々避難広場の予定地なので，鉱さい処理後は都がこれを買い上げて，公共の防災用地とし，永久に公共管理・監視ができるというのである。そこには人が住まないし，掘り返すこともない。バラバラに各地に封じ込めておくと，後で土地が売り買いされ土地用途が変わって，そこに何が建つか分からない。集中処置方式ではそのような懸念がなくなり，汚染土の公共管理・監視することができるという（田尻［1980］pp. 128-130）[4]。

処理方式の転換は，処理対策の在り方を決定づけた。東京都と日化工の直接

---

4) 協定成立の背景として，当事の政治状況も見逃せない。美濃部が知事を務めた東京都は，反公害・福祉充実の声を受けて成立した革新自治体の1つであった。だが美濃部は3選目に出馬せず，革新側は統一候補を擁立できなかった。1979年の都知事選挙で革新側は敗北し，次期から再び保守政権となることが決まっていた。美濃部政権は6価クロム事件に注力したが，この時点で決着を着けなければ，限定的なPPPも果たせず，クロム対策会議も宙に浮くという危惧があったと考えられる。こうした政治上の力関係も，処理水準の決定においておおいに影響を与えていたと考えられる。

交渉は，クロム対策会議に経過を報告しない密室交渉であった。1979年3月，東京都と日化工は「鉱さい土壌の処理等に関する協定書」を締結した。
　協定の内容をまとめると以下のようになる。

①鉱さい部分を小松川南北工場に搬入・一括処理した後，当敷地に封じ込める。鉱さい部分以外は現地処理をする（集中処理方式の採用）。
②処理対象地域は亀戸大島小松川防災再開発事業計画区域と堀江地区である。
③処理は日化工が行う。
④処理後，小松川南北工場跡地は東京都が買収する。

　協定の締結と同時に，「鉱さい土壌の処理等に関する確認書」が，東京都と日化工の間で秘密裏に取り交わされた。処理費用は29億6,500万円を超えない範囲で，日化工が負担するという内容であった。その後の6価クロム土壌汚染の処理は，基本的に協定に基づいて行われることとなった。その処理方式は，6価クロム鉱さいの小松川工場跡地への封じ込めが中心であり，原状回復を目指すものではなかった。そして，6価クロム汚染土が封じ込められた最終処分場は，東京都が購入するという内容であった。

4.4　処理対策の実態

集中処理方式：小松川工場跡地への一括封じ込め処理
　協定締結から約半年が経過した1979年9月，東京都は集中処理方式の具体的内容として，「鉱さい処理工法の概要」を提示した（東京都都民生活局参加推進部［1980］p. 14）。ここで，6価クロム濃度1,000ppm以上の汚染土を「鉱さい」として，6価クロム濃度1ppm以上1,000ppm未満の汚染土を「2次汚染土」として区分した。この区分に従って，それぞれ以下のような処理がなされた。
　6価クロム濃度1,000ppm以上の「鉱さい」部分の処理は次のとおりであった（図4.2）。まず，「鉱さい」を受け入れるために，小松川工場跡地に大きな

桶を造る。小松川工場跡地の外周部に鋼矢板を不透水層まで打ち込み，地下水を遮断し，これに沿って「鉱さい」を掘削し，粘土壁を構築する。下部に止水工事をし，桶の内部に還元剤を圧入し，遮断壁を構築する。土壌深部の「2次汚染土」には還元剤を格子状に圧入する。重度の汚染地域であった小松川工場と堀江地区，そしてその他の汚染地から運びこまれた6価クロム濃度1000ppm以上の「鉱さい」は，還元剤である硫酸第1鉄と混ぜ合わされ，3価クロムへの還元が図られた。これには理論値の10倍という量の硫酸第1鉄が使用された。そして桶に，還元剤と混ぜ合わせた「鉱さい」を搬入し，上部に約6mの覆土をした（図4.3）。

図 4.2　集中処理方式の模式図

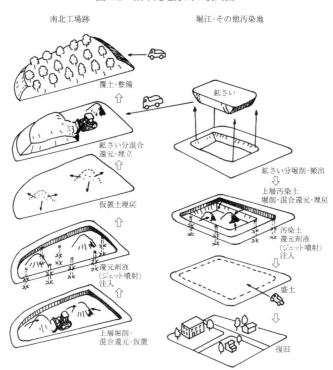

出所：東京都都民生活局参加推進部［1980］p. 16

第4章　東京都6価クロム事件

図4.3　小松川工場跡地最終処分場　処理工法模式断面図

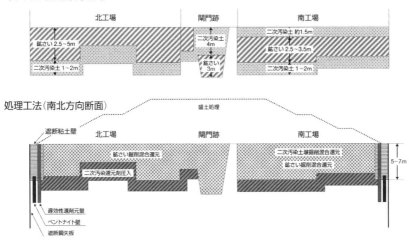

出所：東京都都民生活局参加推進部［1980］p. 34

写真4.3　小松川工場跡地最終処分場（風の広場）（2005年10月筆者撮影）

　6価クロム濃度1ppm以上，1,000ppm未満の「2次汚染土」部分は，汚染地現地で封じ込め処理された。まず，還元剤との混合により3価クロムへの還元が図られ，埋め戻された。地下水位が高い場合には，適当な間隔で格子状に掘削され還元剤と混合された。そして，上部を遅効性還元剤で覆い，覆土し

図 4.4 現地処理 処理工法模式断面図

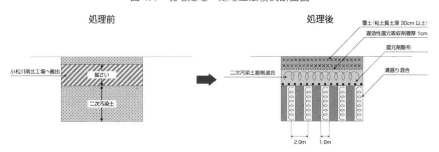

出所：東京都環境保全局水質保全部土壌地下水対策室［1988］pp. 19-20

た（図4.4）。これら「鉱さい」と「2次汚染土」の処理において，6価クロムから3価クロムへの還元処理の目標値は定められていなかった。協定により汚染土処理に関する一定の枠組みができ，1980年初旬から処理が本格的に進められた。

しかしその後，当初の想定を上回る地点，量の6価クロム汚染土が発見された。協定が取り結ばれた1979年3月時点の処理対象地は155ヵ所であったが，2000年12月時点での処理対象地は294ヵ所となっている。協定締結時に29億6,500万円と見積もられていた処理費用は，汚染地の続出に伴い，これを超えた。1985年，東京都と日化工は，処理費用について新たに合意書を取り交わした。協定の枠組み内の処理において，15億8,800万円を超えない範囲で日化工が新たに負担することとなった。そして，増え続ける「鉱さい」に対して，小松川工場跡地の処理槽では容量が足りなくなり，新たな「鉱さい」最終処分場である第2処分場が造られることとなった。東京都は自身の所有する大島9丁目の中学校建設予定地を変更し，第2処分場を建設した。面積は6,800㎡，処理容量は4万㎥である。

処理完了地からの汚染の検出

協定の下，6価クロム汚染土の処理がされた土地は，処理完了地として登録されている。そして，小松川工場跡地の最終処分場上部は，防災公園，風の広

場として付近住民に利用されている。だが，これら処理完了地から6価クロムが相次いで検出されている。風の広場の水溜りから最高で59.4ppm，側溝から12.8ppmもの6価クロムが検出され（朝日新聞1992/6/25），排水からは150ppmの6価クロムが検出されている（読売新聞1992/8/14）。風の広場以外の処理完了地からも6価クロムが検出されている（朝日新聞1990/9/17）。久保田ら［1995］では，風の公園及び周辺の土壌調査を行い，調査箇所15地点のうち8地点で最高濃度1,720ppmの6価クロムが検出されている。

また，2012，2013年には相次いで6価クロムの漏出があった。2012年には最終処分場跡地「風の広場」周辺で土壌環境基準の220倍の汚染土が，2013年には大島小松川公園近くの排水溝の水から，土壌環境基準溶出量基準の3,000倍の6価クロムが検出されている[5]。

1985年7月，集中処理方式の採用は廃棄物処理法の違反ではないという旨の「鉱さいの土壌処理等に関する合意書」を東京都と日化工は取り交わした。廃棄物処理法では，産業廃棄物としての6価クロムの事業者処理責任が定められている。6価クロムを産業廃棄物として処理する場合，6価クロム濃度1.5ppm以上は遮断型処分場へ，1.5ppm以下は管理型処分場へ搬入することが定められている（「一般廃棄物の最終処分場及び産業廃棄物の最終処分場に係る技術上の基準を定める命令」1977年総理府・厚生省令第1号）。遮断型処分場・管理型処分所ともに，処理後は人の侵入を防ぐといった厳重な措置が義務づけられている。

集中処理方式は，廃棄物処理法の処理水準に比して緩く，簡便な処理方式であった。協定に基づく処理対策は原状回復には程遠いものであり，封じ込め処理としても不十分なものであった。

---

[5] 朝日新聞2012年11月17日夕刊「6価クロム漏出，非公表 東京都，基準の200倍超」，毎日新聞2013年3月28日朝刊「基準3,000倍6価クロム 江戸川公園排水溝の水から」など。これら漏出を東日本大震災との関連でとらえる研究もある（尾崎他［2011］）。

4.5　協定外の処理対策

　ここでは協定外の処理対策について述べる。第1に，東京都が日化工に損害賠償請求を起こした大島9丁目の事例，第2に，廃棄物処理法の基準に沿った処理対策として，江東区障害者施設の事例を取り上げる。特に日化工が処理責任を拒否した後者の事例は，協定内での処理対策と著しい対比をなす。

　大島9丁目の6価クロム汚染土は，東京都の日化工に対する損害賠償請求という形で処理された。1971～1972年にかけて，東京都都市計画局・交通局は，市街地再開発・地下鉄建設用地として江東区大島9丁目の日化工グラウンド跡地・倉庫跡地2万7,343㎡を11億3,600万円で買収した。1973年，地下鉄のボーリング工事の際，最高汚染濃度が1万5,600ppmの大量の6価クロム鉱さいが埋め立てられていることが判明した（東京都公害局［1975］p. 15）。東京都は，約10万㎡の6価クロム汚染土のうち約1万5,000㎡を，硫酸第1鉄と混合しコンクリートで封じ込めを図った。1975年，東京都は日化工に対して，瑕疵担保による損害賠償として，土壌汚染処理に必要な工事費を求める訴えを起こした。求償額は計13億3,600万円であった。1986年，両者は和解した。その内容は，第1に，東京都が既に封じ込め処理をした工事費として，日化工は東京都に対して2億1,842万円を支払う。第2に，日化工は当地のすべての6価クロム汚染土を1990年までに現地において封じ込め処理し，それに要する費用10億9,100万円は日化工の負担とするものであった。その後，日化工は処理を行い，現在当地は公園，わんさか広場として付近住民に利用されている。

　江東区障害者施設の建設予定地における土壌汚染については，日化工が協定に基づく処理を拒否し，江東区が廃棄物処理法基準に沿った処理を行った。1994年，江東区が建設を進めていた東砂3丁目の障害者施設の建設予定地から，最高で900ppmの6価クロム汚染土が発見された。汚染面積は1,200㎡，汚染土量は900㎡であった。江東区は日化工に対して協定に基づき処理費用を支払うよう求めた。協定において日化工が処理する範囲は，「亀戸大島小松川

防災再開発事業計画区域及び堀江地区」と定められていた。これまで日化工は協定で指定する範囲以外の群小汚染地区も，協定の制度内の枠組みで処理を行ってきた。しかし，江東区障害者施設に関しては，協定で設定している地域から数百メートルほど離れていることを理由に，日化工は当地の土壌汚染の処理を拒否した。その後江東区は，廃棄物処理法に定められた処理基準に沿って，汚染土の処理を行った。6価クロム汚染土は掘削除去され，福島県磐梯町の中間処理施設で焙焼還元処理され，いわき市の管理型最終処分場に封じ込められた。この処理方法は，江東区障害者施設の建設予定地にとっては，原状回復レベルの処理であった。

1996年，江東区の住民は，江東区が処理費用を負担した事について職員措置請求監査を行ったが，請求は却下された。その理由は，市街地の土壌汚染について定めた法律は無く，原因者に処理責任を問うことはできない。加えて，日化工の処理責任は，道義的側面からしか問えないというものであった。請求が却下された同年，住民らは，江東区が負担した1億4,085万円[7]を江東区に返還するよう，日化工に対して訴訟を起こした。2001年，東京地裁が和解を勧告し，成立した。日化工が江東区に1,650万円を支払うという内容であった。

4.6　費用負担の実態

東京都6価クロム事件における，費用負担について見てみよう。

日化工の有価証券報告書（1976〜2009年度）によると，日化工は6価クロム鉱さいの処理費用として，119億5,908万円を負担している（表4.3）。これに加えて，東京都の求償（大島9丁目裁判）13億946万円，江東区との和解

---

6) クロム対策会議で報告されている「処理完了地権者別工事一覧」によると，江東区障害者施設付近の東砂3丁目では，No.120 M氏所有地と，処理No.126第七砂町小学校を日化工が処理している。
7) 正確には1億4,085万650円である。その内訳は，江東区自身が行った環境対策工事費6,612万6,000円。江東区が処理業者に委託した費用は，環境対策工事管理委託費298万7,000円，クロム鉱さい処理処分委託費6,167万9,490円，クロム鉱さい収集運搬委託費585万9,551円，汚染汚水排水処理処分委託費419万8,609円である。

表 4.3　日化工有価証券報告書記載の 6 価クロム鉱さいの処理費用

(単位：千円)

会計年度	支出額	会計年度	支出額
1975	392,178	1993	130,213
1976	158,235	1994	618,162
1977	94,930	1995	929,638
1978	109,887	1996	1,879,304
1979	178,866	1997	98,314
1980	1,076,388	1998	136,718
1981	941,740	1999	224,993
1982	510,974	2000	395,836
1983	445,688	2001	254,807
1984	382,736	2002	271,924
1985	399,378	2003	387,601
1986	275,401	2004	431,194
1987	73,828	2005	—
1988	473,052	2006	—
1989	125,647	2007	—
1990	269,215	2008	—
1991	73,046	2009	120,000
1992	99,187	合計	11,959,080

出所：1976〜2009 年度の日化工有価証券報告書より筆者作成

金（東砂障害者施設裁判）1,650 万円を併せると，日化工の負担額は 132 億 8,504 万円となる（表 4.5）。

次に，東京都の負担額を見てみよう。クロム対策会議の総会では，1981〜2001 年度にわたるクロム関連予算が記されている。その一覧表が表 4.4 である。土壌汚染調査に 1,572 万円，大気や水質などのモニタリングを含む汚染監視指導に 2 億 8,007 万円が支出されている。そして健康影響調査に 2 億 2,800 万円が支出されている。土壌汚染対策費は応急対策に当たるものであり，5,031 万円の支出にとどまる。また，協定に基づく汚染対策を進めていくうえでの行政費用として，クロム対策会議費が 438 万円（1981〜1984 年度）[8]，専門委員会とその後を受けた市街地土壌汚染対策検討委員会として 1,290 万円が支出されている。東京都負担の総計は 5 億 9,140 万円である。これらの大半が環境・健康モニタリングに費やされた。他方，江東区は，江東区障害者施設の日化工との和解判決によって 1 億 2,435 万円を負担している。

---

[8]　1985 年以降の記載は無かった。東京都環境局土壌地下水汚染対策係へのヒアリングによると，概ね 1 年度で 100 万円程の支出ではないか，との回答を得た。

表 4.4　1981～2001 年の東京都のクロム対策関係予算

(単位：千円)

局名	生活文化局	環境保全局（公害局）				衛生局	
事業項目	クロム対策会議費	土壌汚染調査	土壌汚染地対策	汚染監視指導	専門委員会・市街地土壌汚染対策検討委員会	健康影響調査	合計
1981 年度	1,131	2,963	1,484	7,690	629	17,072	30,969
1982 年度	1,131	1,541	1,099	8,010	693	20,052	32,526
1983 年度	1,051	552	1,099	7,369	704	19,704	30,479
1984 年度	1,071	552	1,105	7,595	634	20,208	31,165
1985 年度		568	1,106	7,545	758	20,212	30,189
1986 年度		556	1,195	7,592	771	20,395	30,509
1987 年度		565	2,272	8,820	550	20,900	33,107
1988 年度		584	2,462	8,900	550	22,054	34,550
1989 年度		619	2,529	10,141	588	19,054	32,931
1990 年度		631	2,527	10,297	590	9,888	23,933
1991 年度		642	2,473	11,260	573	10,199	25,147
1992 年度		609	2,468	11,069	574	8,095	22,815
1993 年度		621	2,395	11,059	574	2,702	17,351
1994 年度		621	2,383	11,059	574	2,702	17,339
1995 年度		639	2,543	68,424	462	2,777	74,845
1996 年度		626	2,543	17,653	462	2,779	24,063
1997 年度		634	2,222	16,802	446	2,780	22,884
1998 年度		634	2,036	15,064	446	2,213	20,393
1999 年度		603	6,334	13,963	572	1,989	23,461
2000 年度		480	4,789	10,261	568	1,484	17,582
2001 年度		480	3,255	9,501	1,189	745	15,170
総計	4,384	15,720	50,319	280,074	12,907	228,004	591,408

出所：各年度のクロム対策会議総会資料より筆者作成

　このように見ると，協定を軸とした処理ルールの下，日化工は 6 価クロムによる土壌汚染にかかわる費用支出のほぼ全額を負担してきたといえる（表 4.5）。

　だが，日化工による処理完了地の売却を考慮すれば，事情は一変する。協定には，土壌汚染の処理完了地について，「計画区域内の他の民有地同様，用地取得等の措置を講ずるものとする。（協定 2 条）」と記されている。高濃度 6 価クロムの封じ込めの最終処分場である日化工の小松川工場跡地を含む，多くの日化工社有地を，東京都が購入することを意味する。つまり，日化工は小松川工場跡地を含めた所有地を，地中に埋まる有害物質を考慮しない価格で売却することができた。1979～1996 年の日化工の有価証券報告書によると，小松川工場を含め，江東区大島・亀戸などに点在する社宅・寮・倉庫などの日化工

表 4.5　6価クロム事件における費用負担

(単位：千円)

費用負担主体	負担項目		負担額		合計
日化工	日化工有価証券報告書（1976～2010年）記載の6価クロム処理 東京都の日化工への求償(大島9丁目裁判) 江東区との和解金（東砂障害者施設裁判）		11,959,080 1,309,460 16,500		13,285,040
東京都	土壌汚染地対策（1981～2001年）		50,319		591,408
	モニタリング費用 （1981～2001年）	汚染調査 汚染監視指導 健康影響調査	15,720 280,074 228,004	523,798	
	行政費用	クロム対策会議費用 （1981～1984年） 専門委員会・ 市街地土壌汚染検討 （1981～2001年）	4,384 12,907	17,291	
江東区	江東区障害者施設の処理費用				124,350
総計					14,000,798

出所：筆者作成

所有地が売却されている。これらの売却額を合計すると，365億9,400万円にのぼる（表3.6）。これら小松川工場跡地には高濃度の6価クロム鉱さいが，その他の日化工所有地には低濃度（とはいっても1,000ppm未満だが）の6価クロムによる土壌汚染が存在し，封じ込め処理がなされている。

　ところで，江東区障害者施設の処理対策は，掘削除去によって処理された。汚染土は，除去搬出の後，焙焼還元処理され管理型最終処分場に封じ込められている。わずか900㎥の汚染土の処理に約1億4,085万円を要したのであった。他方，小松川工場跡地，第2処分場には，少なくとも34万t以上の1,000ppm以上の高濃度の6価クロム鉱さいが埋められている。江東区障害者施設での掘削除去に要する費用を1㎥当たり15.5万円とし，仮に最終処分場に埋められている6価クロム鉱さいの量を34万㎥とすると，原状回復に要する処理費用は527億円にのぼる。さらに，1,000ppm以下の6価クロムが封じ込められている群小地は，江東区・江戸川区に点在していることから，原状回復費用はさらに大きなものとなる。

表 4.6　日化工所有のクロム処理完了地の売却額

(単位：千円)

会計年度	売却地	売却額
1979	小松川工場（一部）他	472,540
1980	小松川工場（一部）他	230,570
1981	小松川工場（一部）他	1,796,447
1982	江東区大島地区社宅跡地	1,108,038
1983	小松川工場跡地	325,408
1984	小松川工場跡地	646,494
1985	小松川工場跡地	2,262,416
	江戸川区所在の寮跡地	510,448
1986	小松川工場跡地	1,320,463
1987	小松川工場跡地	486,266
1988	江東区大島体育館跡地	3,019,282
1989	小松川工場跡地	729,789
1990	江東区社宅・倉庫用土地建物	3,699,429
1991	江東区亀戸工場土地・倉庫一部	1,419,642
	江戸川区寮・社宅等土地建物	1,343,031
1992	江戸川区亀戸工場土地・倉庫等一部	1,577,740
1995	亀戸工場跡地土地一部	7,546,530
1996	亀戸工場跡地土地一部	8,099,458
合計		36,593,991

出所：1980〜1997 年の日化工有価証券報告書より筆者作成

4.7　東京都6価クロム事件が示唆するもの
　　　誰がどのくらい処理するのか？

　以上，6価クロム事件における土壌汚染処理について見てきた。6価クロム事件は日本初の市街地土壌汚染のケースであり，その試みは1つの社会実験であった。費用負担，そして処理水準という角度から6価クロム事件を考察してみよう。

膨大な取引費用と東京都による交渉

　事件当時は，市街地土壌汚染に関する法制度が無かった。よって，汚染者に費用負担を迫るには，民事訴訟による損害賠償請求しかなかった。若しくは，土壌汚染地で6価クロムによる健康被害のリスクにさらされた住民が自ら処理を行うか，曝露を甘受するか，であった。こうした際にポイントとなったの

が，取引費用であった。

　コースの定理が示すように，取引費用ゼロの仮定の下では，住民が自らの健康リスクを算出し，それを貨幣換算する。また処理による土地価格の変動についても住民自ら算出を行う。汚染者に処理責任が課されている場合でも，住民に処理責任が課されている場合でも，限界処理費用と限界処理便益が一致する点の処理水準で処理が行われる。汚染者責任の場合には，住民が汚染者と交渉する。そして汚染者が処理を行い，一定の謝金を汚染地住民に払う。他方，住民責任の場合は，住民自らが処理を行う。

　しかし現実には，4.2 で見たように，江戸川区・江東区に多数散らばる汚染地住民たちが，それぞれ日化工を相手に損害賠償を起こすには，取引費用があまりに膨大であった。6価クロムによる汚染が多発した地域では，当時，亀戸・大島・小松川地区防災再開発計画が進んでおり，約 4,000 人の地権者が関わっていた。こうした中で，それぞれの汚染地住民が自らの健康リスクを測り，それを貨幣換算すること自体がフィクションであった。現在でこそ土壌汚染処理・調査ビジネスが存在するが，汚染地住民自らが汚染状態を把握する手段は，当時は無かった。汚染に関する情報を把握できないということは，損害賠償請求における汚染と被害の因果関係の立証が難しくなることを意味する。コースが想定した権利の相互的性格に沿った処理の在り方を適用するならば，取引費用の大きさのため，多くの汚染地が放置されたであろう。だが，それが本当に最適な資源配分かどうかは，リスク評価に関する情報がないため保証されない。

　また，カラブレジは最安価回避者を決める際の要件の 1 つに，外部化の回避を挙げた。さらに外部化の回避の 1 つに，正確に費用便益分析を行うことができることが挙げられていた。住民は正確な費用便益分析を行いうる主体でなかったことは，明らかである。こうした理由から，土壌汚染の費用負担ルールを考える際，民事的解決のみに頼るのは，限界がある。

　民事による損害賠償請求を代替したのは，東京都による一括交渉と協定の締結であった。その交渉の内容は，東京都所有地の汚染処理についてだけでなく，民有地の汚染処理も含んでいた。東京都は，汚染についての専門的知識，法的知識などを含め，強力な交渉力を持っていた。東京都が一括交渉の場に立った

ことによって，取引費用が圧縮されたといえる。

処理水準・費用負担

東京都はPPPを掲げ，6価クロムによる土壌汚染の処理費用の大半を，汚染者である日化工に課した。汚染防除というフローの汚染対策の汚染者負担を定めたOECDのPPPと異なり，6価クロム事件においては，ストック汚染の処理を含む日本型PPPが適用された。宮本［2007］は，OECDのPPPと日本型PPPを対比させ，6価クロム事件におけるストック汚染の処理費用の汚染者負担を積極的に評価している。

だが，これまで見てきたように，処理方法は集中処理方式による封じ込め処理であり，いわば社会的損失の損失緩和対策費の負担にとどまる。修復・復元のための損失復元対策ではない。また，封じ込めの処理済用地を，汚染を考慮しない価格で行政が購入するという取り決めがあってのPPPであった。高濃度の6価クロム鉱さいが埋まる小松川工場跡地からは，汚染水が度々漏れ出ており，恒久的なモニタリング・部分修繕が必要となる。こうしたメンテナンスに要する費用は公共負担となっている。

協定の締結から30年経った今日では，民間土地市場では汚染の残る土地は，宅地としては売れない状況となっている。第5章で詳述するが，現在の民間土地市場においては，土壌汚染は高額な掘削除去や現地浄化の費用をかけて，原状回復にまで処理したうえで取引されている。小松川工場跡地は，原状回復を求める処理をするならば，その費用が土地価格を上回りかねない土地である。そして民間土地市場においては，有価での売却すら難しい可能性がある。他の日化工所有であった土地も，6価クロム汚染土が封じ込め処理されており，民間土地市場においては相当の減価を受けると考えられる[9]。現在の市場評価に基づけば，当時の処理水準は相対的に低く，限定的なPPPだったのである。

---

9) いまだに小松川工場跡地周辺には多くの1,000ppm未満の6価クロム鉱さいが封じ込め処理されている。現行の改正土対法の下では，8条で土地所有者による汚染者に対する求償が定められている。だが，求償の内容は限定されており，現状の封じ込め以上の掘削除去などの処理費用は求償できない恐れがある（8章参照）。

また，どの処理水準を課すかによって，汚染防止のインセンティブが大きく異なってくる。原状回復を目指して処理水準を設定するならば，汚染そのものの防止に要する費用を，事後的な処理費用がはるかに上回ることとなる。原状回復レベルの処理が課されることによって，汚染防止のインセンティブが強力に働く。

　6価クロム事件は日本初の市街地土壌汚染の処理だった。1980年の協定締結の時点で，原状回復に要する処理費用を計測し，それに向けた費用負担の在り方が問われていれば，今日の市街地土壌汚染の一部は回避されていたであろう。土壌汚染は常に先送りされてきた「考慮されざる費用」であり，その明示化が避けられてきた。そのツケが1990年代後半からの市街地土壌汚染の頻発である。封じ込め処理による「考慮されざる費用」の先送りが，現在改めて顕在化している。第5章では，東京都6価クロム事件から約25年経った東京都心部における土壌汚染処理の実態について見ていこう。

第5章　旧土壌汚染対策法と東京都23区における市街地土壌汚染の処理
日本型の土壌汚染処理

　1990年代に入ると，市街地の工場遊休地の多くで土壌汚染が発覚した。こうした動きに対応して2002年に旧土壌汚染対策法（以下，旧土対法）が制定，2003年に施行され，市街地土壌汚染に対する一定のルールが整備された。だが，土対法は調査対象が狭い事や，処理方法に幅を持たせていることなどから，制定当初から批判を浴びてきた（小澤［2003］・畑［2004］）。

　本章では，旧土対法の枠外の処理を含めた日本型の市街地土壌汚染処理の実態を明らかにする。なぜ，枠外を含めるかというと，旧土対法の枠組みだけ見ていたのでは，日本の市街地土壌汚染の処理の実態はつかめないからである。全国の汚染サイトで，旧土対法を超える形での調査及び処理が行われている。旧土対法の想定と処理の実態の間に「ギャップ」が存在するのである。

　まず，旧土対法に定められた調査要件，そして処理水準について概観する。そのうえで，「環境省水・大気環境局［2010a］平成20年度　土壌汚染対策法の施行状況及び土壌汚染調査・対策事例等に関する調査結果」から旧土対法の下での土壌汚染調査・処理の実態について概観する。さらに，東京都23区における市街地土壌汚染の調査・処理の実態を見る中で，旧土対法枠外の取り組みの傾向を把握する。東京都は2001年に「都民の健康と安全を確保する環境に関する条例（以下，環境確保条例）」を制定しており，旧土対法を上回る形での土壌汚染調査を義務づけている。この調査義務に基づき提出された東京都23区における土壌汚染対策事例を，集計・分析する。その際，処理方法と汚染サイトの位置に注目した。

　そのうえで，旧土対法の枠外の処理を含めた日本型の市街地土壌汚染処理制度について述べる。それは開発利益追求型と言いうるものであり，健康リスクの多寡によって処理方法が決定されるものではない。

5.1　旧土壌汚染対策法の下での土壌汚染調査

旧土壌汚染対策法に基づく土壌汚染調査

　旧土対法を見るうえでポイントとなるのは，調査契機と処理責任である。

　土壌汚染の場合，目に見えて汚染が分ることは稀である。従って，以前その土地に何が建っていたのかを調べる地歴調査や，専門業者によるボーリングや土壌採取による調査が必要となる。ここでは旧土対法の下での土壌汚染の調査義務要件と，土壌汚染調査の実態について見てみよう。旧土対法の下では，調査義務は以下の場合に課されていた。

　第1は，有害物質使用特定施設の使用廃止時（旧土対法3条）である。有害物質使用特定施設とは，水質汚濁防止法施行令2条に定められた各種有害物質を使用する施設である。例えば，鉛や6価クロムなどの重金属，トリクロロエチレンなどの揮発性有機化合物などを使用する施設である。具体的には，化学・機械・金属工場や，クリーニング店などがその対象となる。使用廃止時とは，それら工場や事業所が公園や宅地向けに用途転換することを指す。従って，工場から工場への建て替えや，同法の施行前に宅地に用途転換された土地に対しては，汚染調査義務は課されない。

　第2に，人が立ち入れる土地での汚染の発覚，及び飲用に供する地下水汚染があった場合にのみ，汚染調査義務が発生する（旧土対法4条・旧土対法施行令3条）。旧土対法では，その目的に「人の健康に係る被害の防止」と記されている。つまり，有害物質が人体へ直接取り込まれる可能性がきわめて強い場合にのみ，同法が適用されることとなる。何らかのきっかけで土壌汚染が見つかった土地であっても，土地所有者が土地をフェンスで囲み，立ち入り禁止にすれば同法の適用外となる。本法は土地の所有権に配慮する形となっている。また，有害物質を含む粉塵が風に舞って隣地に飛んでいくことは想定されていない。さらに，土壌汚染によって地下水汚染が引き起こされたとしても，地下水が飲用されるものでなければ，汚染調査義務は課されない。

　では，旧土対法の下での調査はどの程度なされたのだろうか。土対法施行後

の 2003 年 2 月～2009 年 3 月の約 6 年間，有害物質使用特定施設の廃止件数が 5,212 件あったのに対して，調査猶予は 4,201 件にのぼる。そして，都道府県知事による調査命令が出されたのは，これまで 5 件にすぎない。つまり汚染の可能性の高い有害物質使用特定施設の約 8 割が調査猶予となっていた。結果，土壌汚染地として指定区域を受けたのは，338 件である（環境省水・大気環境局［2010a］p. 3）。多くの潜在的な汚染地は，旧土対法の枠組みでは明らかにならなかった。旧土対法が「ザル法」と言われたゆえんである。

旧土壌汚染対策法枠外での調査

　旧土対法の調査対象範囲は非常に狭い。だが，実はこの間の土壌汚染調査の多くは，旧土対法の対象外で行われてきた。旧土対法の狭い調査範囲を超える形で，各地で土壌調査が行われている。2008 年度には，全国で 1,365 件の土壌調査があったが，そのうち旧土対法に基づくものは 239 件に過ぎず，1,126 件のサイトが旧土対法以外による調査であった。そのうち汚染が判明したサイトは 697 件にのぼる。そのうち旧土対法の適用を受けたサイトは 71 件である（環境省 水・大気環境局［2010a］p. 32）。2008 年度末までの累計で見ると，環境省が把握している全国の調査事例は 8,965 件であり，そのうち旧土対法の適用を受けたのは 1,187 件である（環境省水・大気環境局［2010a］p. 32）。8 割以上の土壌汚染は，旧土対法の枠組み以外で発覚しているのである。

　こうした旧土対法の枠外での調査は，都府県及び市の条例によるものや，事業者による自主的な調査からなる。全国の自治体から環境省が集めた限りでの法枠外調査に関する集計では，法枠外調査が全体で 1,111 件ある中で，そのうち条例などに基づき事業者が行った土壌調査は 787 件である。他方で，条例などによらない自主的な調査も多く 324 件にのぼる（環境省 水・大気環境局［2010a］p. 38）。

5.2　旧土壌汚染対策法における処理責任と処理の実態

　旧土対法の下では，指定区域における汚染土壌の処理責任は，土地所有者に

課せられている（旧土対法7条）。但し，汚染者が明らかな場合には，汚染者が処理責任を負うことが定められている（旧土対法7・8条）。

次に処理責任の中身を見てみよう。第1章では，土壌汚染の処理方法は多様であることを見てきたが，旧土対法では，どのような処理方法が定められているのだろうか。旧土対法の施行規則27条では，「土壌の摂取による健康被害を防止するための措置」として処理方法が記されている。そこでは立ち入り禁止や舗装，盛土などの処理方法を認めている。舗装とは，10cm以上のコンクリート，若しくは3cm以上のアスファルトで汚染土壌の表面を覆うことである。盛土とは，汚染土壌を50cm以上の土で覆うことである。同法の施行通知では，盛土を「ほとんど全ての土地の利用用途に対応できる（環境省環境管理局水環境部長［2003］p. 33）」として，主な処理方法として位置づけている。さらに，土地所有者が同意した場合には，立ち入り禁止で済ますことができる。もちろん処理主体が望めば，自主的により厳しい処理方法を採用することができる。このように，旧土対法では処理方法に大きな幅を持たせている。

旧土対法の下では，有害物質による汚染が発覚した汚染地に対して，相対的に簡便な対策である覆土・舗装が推奨されていた。しかし実態は，多くの汚染地で掘削除去が採用されている。環境省が把握している2008年度に行われた土壌汚染処理472件のうち，掘削除去が採用されたサイトは375件にのぼる。その他，原位置での浄化が57件である。他方，旧土対法が推奨する覆土は10

表5.1　旧土対法の処理方法

	通常の土地	盛土では支障がある土地
立 入 禁 止	●	●
舗　　　　装	●	●
盛　　　　土	◎	●
土 壌 入 換 え	○	◎
土壌汚染の除去	○	○

【凡例】
◎：原則として命ずる措置
○：土地所有者等と汚染原因者の双方が希望した場合に命ずる措置
●：土地所有者等が希望した場合に命ずる措置
×：技術的に適用不可能な措置

（注）1．「盛土では支障がある土地」とは，住宅やマンション（1階部分が店舗等の住宅以外の用途であるものを除く。）で，盛土して50cmかさ上げされると日常生活に著しい支障が生ずる土地
　　　2．特別な場合（乳幼児の砂遊びに日常的に利用されている砂場や，遊園地等で土地の形質変更が頻繁に行われ盛土等の効果の確保に支障がある土地）については，土壌汚染の除去を命ずることとなる。

出所：環境省・（財）日本環境協会［2005］p. 6

件，コンクリート舗装が26件，アスファルト舗装は24件にとどまる。非常に費用はかかるが，原状回復に近い対策である掘削除去や原位置浄化が採用されている（環境省 水・大気環境局［2010a］p. 49）。

掘削除去が採用されるのは，民間土地市場では汚染が残る土地が忌避されるのが一因である。大阪アメニティパーク（OAP）をはじめとして，2000年代前半に多くの市街地土壌汚染が発覚し，注目を集めた。OAPでは，敷地内における不完全な封じ込めの土壌汚染を買主に告知しないまま販売したとして，ディベロッパーが宅建法違反容疑に問われた。また，地中に残る有害物質の完全な封じ込めは技術的に難しく，再開発の際に有害物質が再露出することも，原位置封じ込め処理が避けられている要因である。

5.3 「都民の健康と安全を確保する環境に関する条例（環境確保条例）」

旧土対法での調査義務要件は狭く，処理方法は安価で簡便な盛土を定めたにすぎなかった。しかし，旧土対法を超える形で調査は行われ，処理も掘削除去などの高額な処理方法が自発的にとられている。日本の市街地土壌汚染対策の実態は，旧土対法を見ているだけでは把握できないのである。

旧土対法とは別に，自治体レベルでの土壌汚染調査及び土壌汚染処理に関する規定が，条例若しくは要綱，指針などの形で存在している。35都道府県がこうした規定を持っている（環境省水・大気環境局［2010a］p. 57）。とはいえ，これらの多くは，土壌汚染の防止・処理に関する訓示的規定にとどまる。しかしその中でも，旧土対法の緩い調査要件を上回る形での調査義務規定を置いている自治体も一定存在する。その1つが東京都である。

東京都において2001年に施行された「都民の健康と安全を確保する環境に関する条例」（以下，環境確保条例）は，工場公害対策や自動車公害対策など，環境に関する多様な規定が盛り込まれている。その4章3節では，「土壌及び地下水汚染の防止」が定められており，3,000㎡以上の土地改変時に土壌汚染の調査を義務づけている。ここでは土壌汚染に関連する調査要件と処理方法について見る。

まずは調査義務についてである。本条例 116 条は，有害物質使用特定施設の事業者に対して，「工場若しくは指定作業場を廃止し，または当該工場若しくは指定作業場の全部若しくは主要な部分を除去しようとする時は，……当該工場または指定作業場の敷地内の土壌の汚染状況を調査し，その結果を知事に届けなければならない」（環境確保条例 116 条）としている。これは，ほぼ土壌汚染対策法の調査義務と同様である。重要なのは 117 条である。施設の廃止に関わりなく，3,000 ㎡以上の「土地の切り盛り，掘削等規則で定める行為（土地の改変）」を行った場合に，土地の改変を行う者に対して調査義務を課している。旧土対法が，有害物質使用特定施設の廃止時の調査義務を課していたのに比べると，非常に幅広い調査義務規定である。これにより，工場の建て替え時，及び既に居住地として使用されている土地の改変時にも，汚染調査が行われることとなる。

本調査によって見つかった土壌汚染については，東京都土壌汚染対策指針に基づき，汚染拡散防止計画書が作成される。有害物質の地下水への溶け出しの目安となる土壌溶出量基準を超えた場合には，汚染土壌の掘削除去や遮水封じ込めなどの相対的に厳しい処理が定められている。しかし，粉塵などの形で有害物質が人体へ直接摂取される目安となる土壌含有量基準を超えた場合では，除去搬出といった厳しい処理から盛土まで，処理方法に広い幅を持たせている。

次節からは，環境確保条例に基づく土壌汚染調査結果を見ていく中で，日本における市街地土壌汚染対策の実態に迫っていく。

5.4 環境確保条例における届出の集計結果
   東京都 23 区における土壌汚染対策の実態

環境確保条例 116・117 条に基づき，2001 年 10 月〜2005 年 12 月末までに東京都 23 区内で，2,304 件の届出が出されている。筆者は，これら届出リストを東京都への情報公開請求により入手した。同リストには，届出者・対象

---

1) 大阪府生活環境の保全に関する条例（81 条），県民の生活環境の保全等に関する条例（42 条）（愛知県）等で同様の規定が定められている。

地・面積・汚染物質・処理方法・過去の土地利用・将来の土地利用が記されている。同リストの重複箇所・明らかな誤記箇所の修正を行った結果，土壌汚染調査事例数は1,464件となった。これら土壌汚染調査事例を集計・分析した。その際，対象地と処理方法に着目し，区毎の傾向を明らかにした。

東京都23区集計結果

　環境確保条例116・117条の規定に従い，2001年10月～2005年12月末までに東京都23区内で土壌汚染の調査がされた1,464件の地所のうち，そのほとんどが117条調査，つまり3,000㎡以上の土地改変に伴う土壌調査だった。

　1,464件の地所は，まず，過去における当該土地の利用形態を調べる地歴調査を受ける。過去に工場など有害物質を扱う施設が建っていたかどうかなどを，地図や登記簿，航空写真などを使って調べる。また，有害物質を取り扱う事業者が存在していた場合には，有害物質の種類，使用状況や排出状況等を，聞き取り調査や社史，各種届出書類などから把握する。1,464件のうち，地歴調査で550件の地所が，「汚染の恐れあり」と判定された（表5.2）。

「汚染の恐れあり」と判定された550件の地所は，次に土壌調査を受ける。土壌調査により283件で汚染が確認された（表5.3）。工場跡地など土壌汚染が予想される地所の半数以上が，実際に汚染されていたことになる。旧土対法の施行後2003年2月～2008年3月まで全国で270件しか指定地域となっていないのに対して，環境確保条例の下では2001年10月～2005年12月末の間，東京都23区だけで283件もの地所で汚染が発覚している。

　明らかになった283件の土壌汚染は，どのように処理されているだろうか。283件のうち，処理方法が確定しているのは216件であった（表5.4）。表5.5

表5.2　地歴調査（n=1,464）

	地所数
汚染の恐れ有り	550
汚染の恐れ無し	902
不明・調査中	12
合計	1,464

出所：筆者作成

表5.3　土壌調査（n=550）

	地所数
汚染有り	283
汚染無し	153
不明・調査中	114
合計	550

出所：筆者作成

表5.4　処理手法確定（n=283）

	地所数
処理手法確定	216
処理方法不明・未定	67
合　計	283

出所：筆者作成

表5.5　処理手法（n=216）

処理方法	地所数	採用率
掘削除去	196	90.7%
土壌入れ替え	9	4.2%
中間処理後，処分	37	17.1%
原位置浄化	15	6.9%
原位置不溶化，封じ込め	21	9.7%
覆土舗装	29	13.4%

出所：筆者作成

は採用された処理方法と採用率を表している（同一の地所で複数の処理方法が採用されている場合があるので，表の合計値は216件になっていない）。

　東京都23区における土壌汚染の処理では，掘削除去が多数採用されていることが分かる。掘削除去後，多くの汚染土壌は中間処理施設に送られ，洗浄や化学処理などによって一定の値まで汚染濃度を下げた後，最終処分場に封じ込められる。この方法は，多大な費用がかかり，覆土や舗装に比して10倍以上の差がある。東京23区では，たとえ費用が高額だとしても，掘削除去のように汚染土壌が残らない，ゼロリスクにつながる処理方法が採用されているといえる。

東京都区毎の集計結果

　次に，区毎に集計した結果を示す。表5.6に，区毎の調査地所数と，汚染が確認された地所数を示す。それぞれの区の調査地所数は，区内における3,000㎡以上の土地改変とほぼ同数であることから，区内の土地再開発需要を示している。うち汚染が見つかった地所数を，区毎に地図にまとめた（図5.1）。汚

第5章 旧土壌汚染対策法と東京都23区における市街地土壌汚染の処理

表 5.6 区毎の汚染地所数（n=1,464）

	調査地所数	うち汚染有り		調査地所数	うち汚染有り
千代田区	41	7	荒川区	35	9
港区	93	21	台東区	14	3
新宿区	49	7	北区	73	19
中央区	21	9	板橋区	67	10
文京区	22	2	杉並区	49	6
豊島区	32	9	中野区	23	0
渋谷区	36	1	練馬区	69	0
足立区	132	22	品川区	61	10
葛飾区	72	11	世田谷区	110	4
江戸川区	67	18	大田区	97	20
江東区	229	80	目黒区	44	5
墨田区	25	10	その他	3	0
			合計	1,464	283

出所：筆者作成

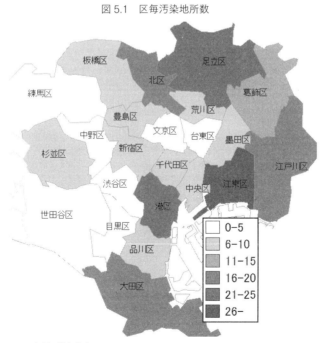

図 5.1 区毎汚染地所数

出所：筆者作成

表 5.7　区毎の封じ込め処理地所数（n=216）

	処理手法 確定地所数	「封じ込め」 処理地所数		処理手法 確定地所数	「封じ込め」 処理地所数
千代田区	4	1	荒川区	6	1
港区	13	2	台東区	3	1
新宿区	5	1	北区	18	5
中央区	7	0	板橋区	9	3
文京区	2	0	杉並区	1	0
豊島区	5	0	中野区	0	0
渋谷区	1	0	練馬区	0	0
足立区	19	4	品川区	9	1
葛飾区	10	1	世田谷区	3	0
江戸川区	13	9	大田区	16	1
江東区	61	18	目黒区	4	0
墨田区	7	1	その他	0	0
			合計	216	49

出所：筆者作成

図 5.2　区毎封じ込め処理地所数（n=216）

凡例：
- 0
- 1–2
- 3–5
- 6–10
- 11–

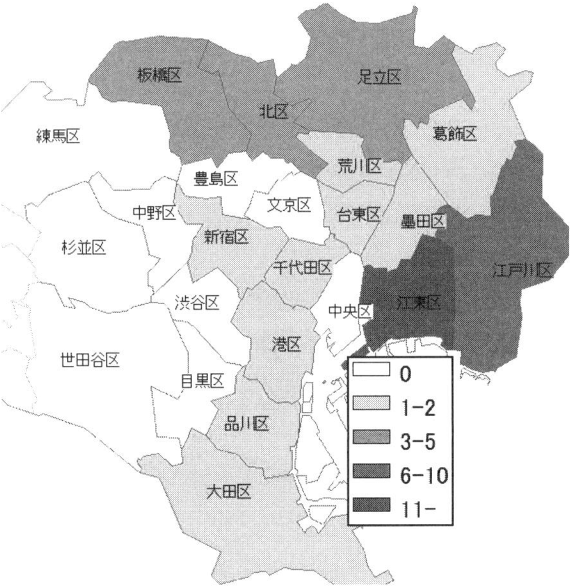

出所：筆者作成

染が多く見つかっている地域は，東京都23区の北部（北区・足立区），東湾岸部（江東区・江戸川区），南湾岸部（港区・大田区）である。特に江東区は，80件もの地所で汚染が確認されている。

表5.5で見たように，東京都23区全体の約9割の汚染地で掘削除去が採用されていた。だが，地中に有害物質が依然として残る，いわゆる封じ込めを採用した地所も少なからず存在する。表5.7では，処理手法が確定している地所のうち，どのくらい封じ込めが採用されたのかを示した。ここでは，データ上の覆土舗装，土壌入れ替え，原位置不溶化・封じ込めを採用している地所を，封じ込め処理地所数としてカウントした。図5.2は，封じ込め処理地所数を区毎に地図に落としたものである。東湾岸部（江東区・江戸川区），北部（足立区・北区・板橋区）に封じ込め処理された地所が多く存在する。港区は13件中2件，大田区は16件中1件しか封じ込めを採用した地所がなかったのに対して，江東区は61件中18件，江戸川区は13件中9件，北区では18件中5件が封じ込めを採用している。汚染地所数を示した図5.1と，封じ込め地所数を示した図5.2を見比べれば，この地域差がより一層明瞭となる。

個別区の比較

先に，区毎の封じ込め処理地所の比較を行ったが，ここでは処理件数が15件前後であり，封じ込め処理地所に差が表れた区をピックアップしてみる。掘削除去・原位置浄化などによる原状回復が多かった地区として大田区・港区を，封じ込め処理が多かった地区として江戸川区・北区を比較する。

大田区は16件の地所のうち，封じ込め処理地が1件である。過去の土地利用は，13件とほとんどが工場であった。跡地利用は，住宅3件，工場3件，未定4件，そして商業施設，事務所，病院など混在している。これら処理地所の平均地価は，29万6,000円/㎡であった[2]。

港区は13件の地所のうち，「封じ込め」処理地は2件である。過去の土地利用は，11件が工場で，残りが住宅・倉庫であった。跡地利用は，住宅が12

---

[2] 地価については，財産評価基準書 路線価図・評価倍率表 平成23年度分（国税庁ホームページ http://www.rosenka.nta.go.jp/index.htm）を参照した。

件，商業施設が1件である。処理地所の平均地価は，88万円／㎡であった。

　他方，封じ込め処理地が相対的に多かった江戸川区である。江戸川区では，13件のうち，9件が封じ込め処理地である。過去の土地利用は，工場が9件，その他は住宅，6価クロム鉱さい処分地，駐車場，再開発地区であった。跡地利用は，住宅が6件，堤防が2件，その他は商業施設，学校，道路，公園，未定と混在している。処理地所の平均地価は，21万8,000円／㎡であった。

　北区は，18件のうち5件が封じ込め処理地である。過去の土地利用は，工場が15件，軍事施設が2件，その他1件である。跡地利用は，住宅5件，道路3件，公園2件，工場2件，その他と混在している。処理地所の平均地価は25万1,000円／㎡であった。

　跡地利用に着目すると，港区では住宅利用なのがほとんどなのに対して，他の3区では混在している。港区は住宅利用ということもあり，原状回復が求められたのが推察される。他方，3区では跡地利用の混在にもかかわらず，大田区ではほとんどの地所で原状回復がなされていることである。江戸川区・北区では住宅利用ではあっても，掘削除去と封じ込めの併用が多いが，クリーンアップとはなっていない。地価に関しては港区が突出し，後に大田区，北区，江戸川区と続いた。

5.5　東京都23区における市街地土壌汚染対策の特徴

　以上，環境確保条例に基づいて提出された調査リストに基づき，東京23区における土壌汚染対策の実態を示した。集計結果から以下の諸点が指摘できる。

　第1は，調査数の多さである。旧土対法の狭い調査要件とは対照的に，環境確保条例は3,000㎡以上の土地改変時の調査を義務づけたことにより，多くの汚染地が明らかになっている。環境確保条例は，土地取引における土壌汚染調査の認証制度として機能しているといえる。ところで，東京都のように一定面積以上の土地改変時の土壌調査を義務づけている自治体は，埼玉県，愛知県，大阪府などの大都市圏に限られる。これら相対的に地価の高い地域においては，処理費用の調達が容易なため，これら厳しい調査要件を課すことができると考

えられる。

　第2は，掘削除去の多さである。舗装や盛土などを推奨する旧土対法の規定とは対照的に，東京都23区では掘削除去が多くのサイトで採用されていた。舗装や盛土に比して，おおよそ数十倍の費用を要するにもかかわらず，である。これには，2002年以降に話題となった大阪アメニティーパーク（OAP）における土壌汚染をめぐる一連の騒動などをきっかけとして，土壌汚染が抱えるリスクへの社会的認識が一定程度浸透したことが背景にあると考えられる。換言すれば，覆土・舗装のように依然として汚染土壌が地中に残る処理手法では，再開発がうまくいかないといえる。いま1つの背景は，東京都23区の高地価である。掘削除去には高額な費用がかかるが，それら費用を負担したうえでも，地価が高額なために十分に元がとれるからである。こうした背景により，東京都23区における土壌汚染の処理においては，事業者が自発的に掘削除去など原状回復に近いクリーンな手法を採用しているといえる。

　第3は，処理方法の採用において，区毎に差を確認する事ができた。本章では，全体として，汚染サイト個別の地価と処理方法との相関関係まで明らかにすることはできなかったが，この地域差は開発利益の多寡に由来すると考えられる。つまり，処理費用のかかる掘削除去が採用された港区・品川区・大田区は相対的に地価が高く，開発利益によって高額な処理費用の回収が可能なのである。他方，地価の低い東京都北部，東湾岸部では低廉な封じ込めが採用されたのであろう。つまり，開発利益によって処理方法が選択されたと言いうる。換言すれば，健康リスクに基づいたものではないということである。

5.6　日本型の市街地土壌汚染処理
　　　旧土対法の枠外の処理を含めた日本型の土壌汚染処理

　以上のように，東京都23区の土壌汚染調査・処理の実態と，旧土対法の想定との間には，大きなギャップが存在することが明らかとなった。旧土対法では，狭い調査義務要件による汚染の放置，盛土・舗装などの簡便な処理方法が認められていた。他方で，東京都23区では旧土対法の想定を超える掘削除去

が多く行われおり，いわば開発利益追求型の土壌汚染処理が行われている。現在の日本の民間土地市場において，土地需要者はゼロリスクに結びつく掘削除去・原位置浄化によるクリーンアップを，高額な処理費用を負担してまで求める。換言すれば，土壌汚染をめぐる主観的評価に基づいた WTP は，それだけ高額なのである。また，リスクの相対的な量が問題となるよりも，むしろリスクの有無が WTP に反映している。これだけ自発的にゼロリスクの処理方法が採用されているということは，土壌汚染は社会的にゼロリスクが求められる類のリスクであるともいえる。

またこうした状況からは，コースの定理が示すような交渉による自発的処理が行われているともいえる。だがそれは，土壌汚染の健康リスクを計測し，貨幣価値に換算したうえでの相互的交渉ではない。専ら地価及び開発利益がシグナルとなっている。

だが，これら東京都 23 区における高額の処理費用は，高地価という支払い能力があってのものである。よって，その裏返しとして，地価の低い地方では，処理費用を調達することができず，土壌汚染が放置されるであろう。先に見た東京都 23 区毎の集計でも，区による処理方法の偏在が確認できる。

こうしたことから，大都市以外の低地価地域では，旧土対法の狭い調査義務の下，用途転換をすることができない塩漬けの土地，いわゆるブラウンフィールド（Brownfields）が相当数存在すると考えられる。ブラウンフィールドは，日本よりも約 20 年早く市街地土壌汚染問題に取り組み始めたアメリカで，いちはやく顕在化した。

日本でも近年，環境省によってブラウンフィールドの試算がなされた。掘削除去などの原状回復に近い処理を行った場合，全国の土壌汚染対策費は 16.9 兆円，ブラウンフィールドにおける処理対策には 4.2 兆円の費用を要すると試算している（土壌汚染をめぐるブラウンフィールド対策手法検討調査検討会［2008］p. 18）。2009 年，土対法が改正されたが，こうしたブラウンフィールド問題に対処できるものだろうか。改正土対法については，第 8 章で詳しく見る。

第6章　東京都北区五丁目団地におけるダイオキシン汚染
処理水準のギャップ

　2004年12月，都市再生機構（旧日本住宅公団）が購入した東京都北区豊島五丁目のガソリンスタンド跡地から，高濃度のダイオキシン類と重金属が検出された。そして隣接する団地敷地内を調査したところ，団地敷地全域にわたって高濃度の汚染が見つかった。日本で初めての，人が住む敷地におけるダイオキシン類による土壌汚染である。団地には約1万人が住んでいる。2006年にダイオキシン類対策特別措置法（以下，ダイ特法）の適用を受けて，盛土による封じ込め処理がなされている。他方，同様の汚染があった団地に隣接する土地では，掘削除去による処理がなされている。

　本ケースの特徴は，隣り合わせの土地で，全く異なる対策が行われていることである。第5章で見た，開発利益を求める日本型の市街地土壌汚染制度が色濃く反映されているといえる。本ケースでは，人が居住する団地内に限って，盛土という相対的に簡便な処理方法が採用されている。これに対して団地住民からは不安・不満の声が上がっている。このような処理方法の違いはなぜ出てきたのか。そして人が現に住んでいる場所に限って，なぜ盛土処理がとられたのだろうか。ダイ特法の1ケースとして，その経緯と要因を詳細に検討しよう。

6.1　人口密集地でのダイオキシン類の土壌汚染の発覚

日産化学工業による工場操業と1970年代の土壌汚染騒ぎ

　汚染が見つかった豊島五丁目団地は，東京都北区の隅田川沿いに立地している。隅田川沿岸一帯には，1960年代末まで多くの重化学工業の工場が立ち並んでいた。現在，約1万人が住む豊島五丁目団地には，約50年間にわたって化学工場が立地し，電解槽で苛性ソーダの生産などを行っていた。その所有企

写真6.1（左） 豊島五丁目団地 2005年5月（筆者撮影）と
（右）日産化学工業王子工場（社史編纂委員会［1969］）

業は歴史とともに，大日本人造肥料，現在のJX日鉱日石金属，及び日産化学のおおよそ3つに分かれる[1]（北区［2014b］）。工場面積は18.3haに及び，豊島五丁目団地と周辺地がすっぽりと入る大きさであった。

　1970年，日本住宅公団（現，都市再生機構）は同工場跡地の大半を，団地用地として買い取った。1972年，北区は同地の土壌汚染を調査し，鉛・水銀・ヒ素などの重金属による汚染を確認している。処理方法は，コンクリート舗装，または約1mの盛土だった（約15cmの盛土だったという指摘もある）。この事実が1975年に発覚し，北区議会で議論となった（北区議会史編纂調査会［1994］pp. 407-419・北区議会事務局［1975］pp. 88-109）。特に住民の健康調査と，日産化学へのPPPの適用が問題となった。当時，東京都6価クロム事件が明らかになり，市街地土壌汚染に社会的注目が集まりつつあった。1976年には，北区と日本住宅公団，日産化学工業との間で「豊島五丁目団地の土壌汚染に関する調査費及び工事費についての協定」が結ばれた。①北区が

1）　①1917～1937年：関東酸曹が電解工場を建設し，苛性ソーダの生産を開始した。その後，大日本人造肥料が関東酸曹を吸収合併している。大日本人造肥料は，その後の消滅している。②1937～1943年：日本化学工業（現在の日本化学工業とは異なる）が旧日産化学工業（現在の日産化学工業とは異なる）に改称する。日本鉱業が旧日産化学工業を吸収合併する。日本鉱業は現在のJX日鉱日石金属である。③1945～1969年：日本油脂が日本鉱業から化学部門の営業譲渡を受け，化学部門を日産化学工業とした（北区「公害防止事業費事業者負担法に基づく費用負担計画の考え方について」）。

未対策の舗装処理，環境モニタリング，健康調査を行うこと，②調査費は北区・日本住宅公団で折半，処理費は北区・日本住宅公団・日産化学でそれぞれ3分の1ずつ負担することが定められた。

日産化学に対するPPPについては，廃棄物処理法による法的責任の追及は難しいため，日産化学が同義的に企業責任を負うとして協定が結ばれた。環境モニタリング及び健康調査は，1975〜1977年の3年にわたり行われた。対象地域との差異はどちらの調査でも認められず，異常はないというものであった。この土壌汚染が，約30年後に再び顕在化する。

ダイオキシン類による広域土壌汚染の発覚

1990年代からの都市再開発ブームに乗り，隅田川沿岸にも高層マンションの建設ラッシュが押し寄せる。都市再生機構が中心となって，用地転換が進められている。その最中の2004年12月に，豊島五丁目団地に隣接するガソリンスタンド跡地から，ダイオキシン類と重金属による土壌汚染が見つかった。これをきっかけとして，2005年，東京都が豊島五丁目団地内の土壌を調査したところ，団地全域と周辺地域における高濃度のダイオキシン類・重金属による汚染が判明した。

汚染の拡がりは，図6.1のように団地内外にわたる。豊島五丁目団地の面積は，18haにのぼる。この敷地の大半は，都市再生機構が所有している。団地内の土壌露出部分の多くで，ダイオキシン類と重金属による汚染が発覚した。地表50cmの調査で，ダイオキシン類の環境基準である1,000pg-TEQ/gを上回ったのは，57地点中9地点である。表土に汚染が無くとも，地中ではランダムに汚染が見つかっている。250pg-TEQ/g以上の表土汚染があった地点を，7mの深さにわたってボーリング調査した結果，多くの箇所で1,000pg-TEQ/gを上回る汚染が地中から検出されている。最大汚染濃度は，団地内の植え込みの地中3mで検出された230,000pg-TEQ/gである。重金属類は，鉛・ヒ素が環境基準を超過して検出されている（2005年11月19日の都市再生機構による住民説明会資料より）。

その他，団地内に北区が所有する東豊島公園（南・北），旧豊島東小学校跡

146

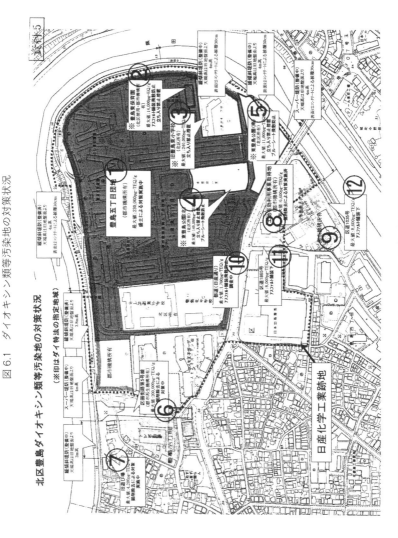

図 6.1 ダイオキシン類等汚染地の対策状況

地，豊島東保育園からも，それぞれ汚染が検出されている。また，日産化学工場跡地であった団地外の敷地からも，ダイオキシン類による汚染が見つかっている。

　この汚染の特徴は，約1万人が住む人口密集地である団地でのダイオキシン類による土壌汚染の発覚という点にある。これまでもダイオキシン類による土壌汚染は見つかっていたが，[2] 人が住む土地が汚染されているという点では，今回が初のケースである。特に，豊島東保育園の園庭からも汚染が発覚したことは，団地住民に衝撃を与えた。北区はこの事態に鑑み，保育園関係者を中心に団地住民の血液検査を行った。重金属類の調査では137人が，ダイオキシン類の調査では138人が検査を受けた。検査結果では，汚染土壌の摂取機会と，重金属類・ダイオキシン類の血中濃度との間には有意な相関は見られなかった。当面，健康被害は確認されていない（北区［2006a］）。

　もう1つの特徴は，汚染の様態としては共通しているにもかかわらず，地所によって全く異なる対策がなされている点である。図6.1には①〜⑫までの数字を振った。それぞれ異なる処理主体の下で，異なる処理方法が採用されている。これについては6.3で詳しく見よう。

　ところで，重金属や揮発性有機化合物などとは異なり，ダイオキシン類による土壌汚染は，ダイ特法の適用を受ける。個別のサイトでの処理実態を見る前に，次節ではダイ特法について解説をする。

6.2　ダイオキシン類対策特別措置法

　本ケースにおいては，汚染土の中にダイオキシン類が入っていることから，

---

2) これまでダイ特法に基づく地域指定を受けたのは3件である。以下，概要を示す。①東京都大田区大森南（2001年地域指定）。汚染原因者は，共栄化成工業（現在は不存在）とその継承者の三菱ガス化学である。処理方法は掘削除去・分離処理である。費用負担は，汚染原因者11億4,400万円（75％），国2億1,000万円（13.75％），東京都8,600万円（5.63％），大田区8,600万円（5.63％）である。②和歌山県橋本市（2002年地域指定）。汚染原因者は倒産した産廃業者である。処理方法は現地で溶融・一部封じ込めである。費用負担は，国9億円（55％），和歌山県7億3,600万円（45％）である。③香川県高松市（2005年地域指定）。汚染原因者は不明である。処理方法は掘削除去・溶融処理である。費用負担は，国1,600万（55％），高松市800万（45％）である。

ダイオキシン類対策特別措置法（ダイ特法）の適用を受けることとなった。ダイ特法は 2000 年に制定された。小型焼却炉からのダイオキシン類の発生，そして 1999 年の埼玉県所沢市の汚染野菜騒動に端を発したダイオキシン類対策への声を背景に，ダイオキシン類の大気・水・土壌などへの排出抑制とモニタリングが定められている。また，ダイオキシン類によって汚染された土壌の処理手続きも定めている。ここでは土壌汚染に関わる部分のみを記す。

　ダイ特法では，ダイオキシン類によって汚染された地所を見つけるために，常時監視（ダイ特法 26 条）という制度を設けている。これは各都道府県知事が行う。その内容は，一般環境把握調査，発生源周辺状況把握調査に分かれている。一般環境把握調査とは，任意の地点を選びダイオキシン類の濃度を調査するものである。他方，発生源周辺状況把握調査とは，廃棄物焼却施設等のダイオキシン類が発生する可能性が高い施設の周辺土壌を調査するものである。2000～2003 年までには，毎年約 2,000 地点の一般環境調査が，毎年約 1,000 地点の発生源周辺状況把握調査が行われている。その後は漸減し，2009 年度には一般環境調査で 717 地点が，発生源周辺状況把握調査で 259 地点が調査された（環境省［2010b］p. 7）。

　ダイオキシン類による土壌汚染が見つかったサイトは，対策地域として都道府県知事により指定を受ける（ダイ特法 29 条）。指定を受けた対策地域の汚染は，都道府県知事，政令指定都市，または特別区の長が処理を行う（ダイ特法 41 条）。汚染処理に要した費用については，汚染者の行為と土壌汚染との科学的因果関係が明確な場合に限り（ダイ特法 31 条），公害防止事業費事業者負担法に従って上限 75％まで汚染者に負担させることができる（公害防止事業費事業者負担法 7 条）。ダイ特法の下での費用負担については，後述する。

　ダイ特法に基づく対策地域として指定を受ける際に重要なのが，「人が立ち入ることができる地域」（ダイ特法施行令 5 条）に限るという規定である。たとえば，工場や事業場の敷地で汚染が発覚した場合，つまり一般の人が立ち入ることができない地所における汚染は，指定を受けない。また，汚染された地所を立ち入り禁止にすれば，同法の指定を受けない。こうした法の対象からの除外規定は，土対法と同様である。

第6章　東京都北区五丁目団地におけるダイオキシン汚染　149

　対策地域に指定された際の，処理水準と処理方法については，特に細かくは定められていない。ただ，対策地域に指定された土地で，環境基準である1,000pg-TEQ/g を上回る汚染がある場合には，封じ込めを含め，土壌汚染に起因する環境の汚染を防止することが定められている（ダイオキシン類による大気の汚染，水質の汚濁［水底の底質の汚染を含む］及び土壌の汚染に係る環境基準について［環境省告示］）。

6.3　処理水準のギャップ

　この人口密集地における初のダイオキシン類による土壌汚染に対して，どのような対策がとられたのか。隣り合わせの土地であるにもかかわらず，全く異なる処理方法が採られている。この処理水準の「ギャップ」を見ることは，現行の日本の市街地土壌汚染の処理制度を理解するうえで重要なので，詳しく見ていこう。

団地内の都市再生機構所有地（自主的な盛土処理）

　都市再生機構は，団地の大半を所有している（図 6.1 ①部分）。そしてダイオキシン類による土壌汚染は，団地のほぼ全域の土壌露出部分にわたるため，ダイ特法の指定を受ける要件を満たしている。これに対して，都市再生機構は土壌露出部分に縄を張り「立入禁止」とした（写真 6.2）。その結果，ダイ特

写真 6.2（左・右）　都市再生機構による「立入禁止」（2005 年 5 月筆者撮影）

写真 6.3　処理工事中の団地内の都市再機構所有地（2006 年 4 月筆者撮影）と処理済みの団地内の都市再生機構所有地（2009 年 6 月筆者撮影）

法の「人が立ち入れる地域」の規定から外れている。

　都市再生機構は，ダイ特法の指定を受けることなく自主的に汚染土の処理を行った。処理方法は，基本的に盛土である。団地全域の土壌露出部分に対して，外縁部をモルタル・レンガウォールで囲い，不織布で覆ったうえで20cm以上の盛土を行った（都市再生機構東日本支社［2005］）（写真6.3）。これら処理面積は，48,631㎡にわたる。団地内のほぼ全域の土壌露出部分にわたって，この措置がとられている。処理費用は3億8,640万円，調査費用は1億2,226万3,000円にのぼる[3]。これらは都市再生機構が全額負担している。都市再生機構は，日産化学へ求償していない[4]。なお，この土壌汚染の発覚後，都市再生機構は団地家賃の値下げを行っている[5]。

団地内の北区所有地（ダイ特法に基づく封じ込め処理）

　北区は団地内に豊島東保育園（図6.1②），旧豊島東小学校跡地（図6.1③），南北の東豊島公園（図6.1④・⑤）を所有している。その面積は合計15,930㎡にのぼる。いずれの土地でも表層及び深度部分からダイオキシン類が検出され

3）　都市再生機構への情報公開請求により入手した工事積算書に基づく。
4）　2010年6月の都市再生機構へのヒアリングによる。「担当弁護士と相談した結果，日産化学への求償は制度上不可能であり考えていない」という回答であった。
5）　2009年6月の北区議会議員，福島宏紀氏へのヒアリングによる。2DKで5,000円の値下げがなされた。

第 6 章　東京都北区五丁目団地におけるダイオキシン汚染

写真 6.4　応急処理中の東豊島公園（2006 年 4 月筆者撮影）

写真 6.5　アスファルト舗装処理をした豊島東保育園（2006 年 4 月筆者撮影）

ている。ダイオキシン類の汚染最大値は，東豊島公園で最大値 660,000pg-TEQ/g，旧豊島東小学校跡地で最大値 240,000pg-TEQ/g，豊島東保育園で 14,000pg-TEQ と，いずれも環境基準値の 1,000pg-TEQ/g を大幅に上回っている（東京都環境局 [2006]・北区 [2007]）。また，鉛・ヒ素も検出されている。

　東京都は，これら北区所有の汚染地に対して，ダイ特法の地域指定を行った。そのうえで北区が汚染処理を実施している。東豊島公園と旧豊島東小学校跡地では，不織布を敷いたうえでの 50cm の盛土，20cm 砕石の上に 5cm 以上のアスファルト舗装といった処理方法が採られている（写真 6.4）。豊島東保育園では，新たに厚さ 4cm のアスファルト舗装を行い，さらに人工芝で覆った（東京都環境局 [2006]）（写真 6.5）。

　処理費用は総額で 1 億 7,882 万 6,458 円を要した。その後，ダイ特法及び公害防止事業費事業者負担法に基づき，処理費用の 75％ を日産化学に求償している。日産化学は 2006 年度分の処理費用として，2,350 万 2,081 万円をいったん負担している（平成 19（行ウ）466「公害防止事業費負担決定取消請求事件」主文）。残り 25％ の 4,470 万 6,615 円のうちの 55％ の 2,458 万 8,638 円が国からの補助，45％ の 2,011 万 7,977 円が北区の負担である。なお，国から北区への補助は「公害の防止に関する事業に係る国の財政上の特別措置に関する法律」2 条 3 項 7 号に基づく。

　その後，日産化学はいったん費用を負担したうえで，2007 年に北区に対し

て公害防止事業費負担決定の取消を求める裁判を起こしている。日産化学の主張は,「ダイオキシン類の排出と汚染について因果関係が明確でない」というものである。また,日産化学は公害防止事業の事業者に当たらないというものである(2007年8月8日,北区議会企画総務委員会議事録より)。これまで北区は地裁・高裁と敗訴し,2014年に費用負担計画を改めて策定し求償を行う予定である[6]。

その他,北区は保育園関係者を中心にダイオキシン類の健康調査を行い,5,701万4,000円(北区子ども家庭部子育て支援課[2006] p. 81)。また土壌調査に2億4,958万8,000円,大気中のダイオキシン類濃度などを計測するモ

---

6) 訴訟の概要は以下である。2011年7月に,東京地裁の判決があり,北区が敗訴した。北区は,大正期からの工場敷地の所有企業の,日産化学による継承と連続性を主張していた。しかし,判決はそれを否定した。汚染を引き起こしたと思われる苛性ソーダのプラントを含む化学部門は,営業譲渡という形で所有が移転し,負債の継承はなされていないとした。また北区は,大正期における汚染の立証しかしていないとし,戦後の所有企業である日産化学の責任が否定された(平成19(行ウ)466「公害防止事業費負担決定取消請求事件」)。

これに対し,北区は東京高裁に控訴した。2012年9月に判決があり,北区が敗訴した。とはいえ,その判断は一審とは異なる。戦前に工場を所有していた企業と日産化学の法人格の同一性は否定したものの,戦後に日産化学がプラントを所有し,その間に汚染が発生したことを認めた。時代毎にプラントを所有していた企業を列挙し,その汚染寄与に応じた費用負担計画の策定を,改めて北区に勧めている(平成23(行コ)261「公害防止事業費負担決定取消請求控訴事件」)。

高裁判決を受けて,北区は2014年に改めて費用負担計画を策定した。王子工場の操業は,これまで大日本人造肥料(1917~1937年),日本鉱業(1937~1945年),日産化学(1945~1969年)によって行われてきたとした。3社の汚染寄与は苛性ソーダの生産量を目安とした。大日本人造肥料については生産量の記録がないため,生産能力を目安とした。大日本人造肥料は継承企業が無く,現在,費用負担主体が居ない。日本鉱業は承継会社をJX日鉱日石金属とし1,785万1,351円を,日産化学には7,076万1,629円の費用負担を求める計画である(北区[2014a]・北区[2014b]・北区[2014c])。

なお,地裁・高裁判決で認められた営業譲渡による負債の非継承は,ストック汚染の処理責任を考える上で,重要な論点である。吉川[2005]では,日本における営業譲渡による負債の継承は,「有機的一体性ある組織的財産」の移転の有無が,ポイントとなるとしている。財産だけでなく,事業場の秘訣・得意先などの事実関係(暖簾)の移転の有無が重要な基準となる(吉川[2005] p.172)。北区の主張はこれに沿って日産化学の責任を求めたものであるが,認められていない(平成19(行ウ)466「公害防止事業費負担決定取消請求事件」)。長年にわたる化学メーカーの離合集散によって,処理責任がどのように移転するのか,法学における議論が必要である。

ニタリングに 1,897 万 5,000 円（北区教育委員会事務局［2006］p. 68・北区まちづくり部都市計画課［2006］p. 24・北区まちづくり部都市計画課［2007］p. 25）。こうしたモニタリング費用の合計は 3 億 2,557 万 7,000 円であり，処理費用を上回っている。

居住地域に限り封じ込め処理がされた事態に対して，団地住民からは疑問の声が上がっている。2005 年には団地内の処理方針について，都市再生機構と北区による住民説明会が複数回開かれた。説明会で住民から出された疑問の多くは，「なぜ，自分たちの住んでいる場所に限って，封じ込め処理が採用されるのか？」[7]というものであった。

また，団地全域にわたって掘削除去を採用すると，およそ 1,000 億円要すると推定されている[8]。

団地西側に隣接する都市再生機構所有地（都市基盤整備機構による掘削除去）

都市再生機構は，団地西側に隣接する豊島 5・6 丁目の再開発用地を所有している。隅田川を南北にまたぐ，北区画街路 5 号線という道路の建設予定地である（図 6.1 ⑥）。ここからは，表層 5cm までの調査で最大値 200,000pg-TEQ/g のダイオキシン類が検出されている（トンボ鉛筆・都市再生機構東京都心支社［2005］）。処理面積は 1,000pg-TEQ/g 以上，3,000pg-TEQ/g 未満の低濃度汚染が 170.7㎡で，3,000pg-TEQ/g 以上の高濃度汚染が 165.9㎡である。汚染土量は，高濃度汚染土が 289.0㎡，低濃度汚染土が 170.7㎡である[9]。

併せて，近隣の都市再生機構が所有する隅田川沿いの旧遊び場（図 6.1 ⑦）からは，4,300pg-TEQ/g のダイオキシン類が検出されている（トンボ鉛筆・都市再生機構東京都心支社［2005］）。処理面積は，高濃度汚染が 187.2㎡，低濃度汚染が 60㎡である。汚染土量は，高濃度が 187.2㎡，低濃度が 60.0㎡である。

両汚染地の汚染土は，低濃度と高濃度のどちらも掘削除去された（写真 6.6）。低濃度汚染土は中間処理の後に，管理型処分場に封じ込められた。高濃

---

7) 2005 年 11 月 19 日の都市再生機構と北区による住民説明会での発言。
8) 東京都環境審議会水質土壌部会［2006］p.27，大塚直の発言による。
9) 都市再生機構への情報公開請求により入手した工事積算書に基づく。

写真 6.6 （左）掘削除去された北区街路 5 号線と（右）旧遊び場（2006 年 4 月筆者撮影）

度汚染土は溶融処理された。高濃度汚染土の掘削の際は，飛散防止用のテントやクリーンルームが設営され，防護服を着用しての作業であった。

　北区画街路 5 号線の汚染土の処理費用に 5,237 万 9,503 円，加えてテントなどの設営に 829 万 2,038 円を要している。旧遊び場の処理費用は 3,182 万 3,897 円，テントなどの設営に 406 万 3,774 円を要している。また，両汚染地の土壌・地下水調査に 2,303 万 7,374 円，大気・浮遊粒子状物質のモニタリングに 1,393 万 1,200 円を要している。これら調査及び処理費用は，都市再生機構の関連会社である都市基盤整備機構が負担している。

団地南側に隣接する都市再生機構所有地（旧所有者による掘削除去）

　都市再生機構は，団地南側にも土地を所有している。元々は日産化学の工場の一部，そして日本油脂の工場が立地していた。都道に面する日産化学の工場側には，かつてコスモ石油のガソリンスタンド（図 6.1 ⑧）があり，ここから最大値で 200,000pg-TEQ/g のダイオキシン類が検出されている。その他，鉛，ベンゼン，フッ素が環境基準を超えて検出されている。

　コスモ石油のガソリンスタンド跡地は，コスモ石油が掘削除去による処理を行った。汚染原因は不明とされ，日産化学への求償は行われていない。土地の売却先である都市再生機構との間では，後に新たに汚染が発覚した際は，瑕疵担保請求によってコスモ石油が処理費用を負担するという協定が結ばれている。

写真6.7 （左・右）コスモ石油・日本油脂の元所有地（2009年6月筆者撮影）

なお，処理費用は不明である。

　日本油脂の工場部分（図6.1 ⑨）からは重金属類が検出された（日本油脂［2004］・日本油脂［2005］）。汚染面積は7,510.3㎡，汚染土量は1,6924.2㎡であった。ダイオキシン類は検出されていない。汚染土は掘削除去され，原状回復されている[10]。これら調査・処理は東京都環境確保条例117条に基づき，日本油脂が行った。同地はその後，都市基盤整備公団に売却された。後に民間ディベロッパーに売却され，マンションが建つ予定である。

道路脇の群小汚染地

　団地南側に隣接する道路（図6.1 ⑩・⑪・⑫）からもダイオキシン類が検出されている。これらは既にアスファルト舗装がされている道路なので，適切な封じ込めがなされているということで，ダイ特法の地域指定もされず，新たな処理も行われていない[11]。

地所による処理対策の比較

　以上，地所による処理の違いについて細かく見てきた。これらを一覧にまと

10）その後，汚染の取り残しがあったとして，都市再生機構と日本油脂の間で裁判になり，和解している（北区［2014a］）。
11）2011年4月の東京都環境局有害物質対策課へのヒアリングによる。

めたものが，表6.1である。処理方法と費用負担について大きな違いが見られる。

まず，処理方法について見てみよう。都道・区道を除く団地外では，高額な費用をかけた掘削除去が採用されている。掘削除去によってゼロリスクにしておかないと，買い手がつかないことの表れである。他方，団地内の汚染地に限って，盛土・舗装といった封じ込め処理が採用されている。団地内の封じ込め処理について，東京都環境審議会［2006］では，「多数の住民が生活するなどの条件の下では，覆土等により封じ込められ，適切にリスク管理が行われれば，大規模な掘削により汚染を除去するより相対的にリスクが小さくなる」としている。しかし，団地に隣接する図6.1中のコスモ石油ガソリンスタンド跡地⑧や，日本油脂工場跡地⑨では掘削除去が既に行われている。他方，旧豊島東小学校③，豊島東公園（南）⑤では，団地内の居住地域とは比較的分離可能であるにもかかわらず，封じ込め処理が行われている。なお，ダイ特法の地域指定に際して，北区は東京都に対して，団地内の北区所有地について掘削除去を要求したが（北区［2006b］），受け入れられていない。こうした封じ込め処理による地中のダイオキシン類は，再開発の際に再び顕在化し，改めて処理が問われる。

次に費用についてである。盛土・舗装の封じ込め処理と，掘削除去の間で，1㎡当たり処理費用に10倍以上の開きがある。北区画街路5号線⑥，旧遊び場⑦の処理費用から，掘削除去には概ね1㎡当たり14万5,000円要すると推定できる。仮に，団地内の都市再生機構所有地（48,631㎡）及び北区所有地（13,410㎡）の汚染土を掘削除去したならば，約89億9,595万円を要すると推定できる。また本ケースの特徴として，高額のモニタリング費用が挙げられる。団地内の北区所有地に関しては，汚染土の処理費用を上回るモニタリング費用がかかっている。これらモニタリング費用は北区が負担している。

そして費用負担主体についてである。本ケースでは日産化学の工場跡地から土壌汚染が発覚していることから，汚染は当該敷地の化学工場の操業による可能性が高い。汚染者へ処理費用の求償を行っているのは北区（図中②③④⑤部分）のみである。それ以外のサイトでは，直近の所有者が処理費用を負担して

第6章 東京都北区五丁目団地におけるダイオキシン汚染

表 6.1 サイト毎の汚染の状況及び費用負担

地所	汚染面積 (m²)	汚染土量 (m³)	有害物質	処理方法	処理費用 (円)	モニタリング費用 (円)		費用負担主体	1m²当り処理費用 (円)
団地内居住部分①	48,631	不明	ダイオキシン類・重金属	盛土・舗装	396,450,023		122,263,000	都市再生機構	8,152
豊島東保育園②南北東豊島公園③④旧豊島東小学校跡地⑤	13,410	不明	ダイオキシン類	盛土・舗装	178,826,458	健康調査 57,014,000 モニタリング 18,975,000 土壌調査 249,588,000	325,577,000	処理費用は汚染者75%、国13.75%、北区11.25%、(汚染者の内訳は註5参照)各種モニタリング費用は北区が負担	13,335
北区画街路5号線⑥	333	460	ダイオキシン類	掘削除去	60,671,541		36,968,574	都市基盤整備機構	182,196
旧遊び場⑦	247	247	ダイオキシン類	掘削除去	35,887,671				145,294
旧コスモ石油ガソリンスタンド跡地⑧	159(ダ)・412(重)※	468(ダ)・1,935(重)	ダイオキシン類・重金属類・ふっ素	掘削除去	不明		不明	コスモ石油	不明
日本油脂工場跡地⑨	7,510	16,924	重金属類・ほう素・セレン	掘削除去	不明		不明	日本油脂	不明
都道(日産通り)⑩区道1865号⑪区道1035号⑫	不明	不明	ダイオキシン類	既存の舗装を維持	不明		不明	東京都	不明

※(ダ)はダイオキシン類、(重)は重金属類・フッ素を指す
(都市再生機構工事積算書、北区[2014a]、北区[2014b]、北区[2014c]、北区議会企画総務委員会議事録(2007年8月8日)、北区子ども家庭部子育て支援課[2006]、北区教育委員会事務局[2006]、北区まちづくり部都市計画課[2006]、北区まちづくり部都市計画課[2007]、トンボ鉛筆・都市再生機構東京都心支社[2005]、日本油脂[2004]、日本油脂[2005]、コスモ石油[2005]、鹿島建設[2005]、平成19(行ケ)466 [公害防止事業費負担決定取消請求事件] より筆者作成)

いる。ただ，図中⑨の都市基盤整備機構所有地は，日本油脂が原状回復の処理の後，都市基盤整備公団に売却されている。

6.4 ギャップの要因

　以上，豊島五丁目団地のダイオキシン汚染について，地所毎にその処理の在り方を細かく見てきた。本ケースから，ダイオキシン類による市街地土壌汚染の処理制度に照らし合わせて，費用負担・処理水準について考察しよう。

費用負担
　本ケースの大きな特徴は，汚染者負担がほとんどなされていない点である。ダイ特法で汚染者への求償規定があるにもかかわらず，汚染者である日産化学への求償を行ったのは北区のみである。さらに後に，日産化学が公害防止事業費負担の取消の訴訟を北区に起こしている。
　こうした要因の1つとして，ダイ特法の求償要件が厳しいことが挙げられる。ダイ特法31条では，公害防止事業費事業者負担法に基づく汚染者への請求について，「事業者（汚染者：筆者）によるダイオキシン類の排出とダイオキシン類による土壌の汚染との因果関係が科学的知見に基づいて明確な場合」に限定している。これは，個別的因果関係を求めていると解することができる。土対法では蓋然性の証明で足りる因果関係の証明に対して，相対的に高いハードルを課しているといえる（大塚［2010］p. 424）。ダイ特法の下での因果関係の立証のために，北区は，日産化学王子工場のかつての生産ラインの調査，元労働者からのヒアリング，そして裁判での証拠となる北区所有地からの700本にのぼるボーリング汚染土の保管などの作業を行っている[12]。こうした作業の多さ，つまり取引費用の大きさ，そして交渉力の有無が，その他の所有者が訴訟に二の足を踏む要因となっている。
　求償に際しての交渉力が重要なことの証左として，北区及び都市再生機構は，

---

12) 2009年6月，元北区環境課長の長野聖次氏へのヒアリングよる。なお，裁判の内容に関しては，係争中なのでコメントできないとのことであった。

ダイ特法の実施者を東京都とするよう，東京都に要請している。これまでのダイオキシン類土壌汚染の処理の経験，専門的知識及び組織力，そして科学的因果関係の解明能力を有することから，ダイ特法の実施者は東京都が適切であるというものである。しかし東京都は，北区の要請を受け入れず，北区がダイ特法の実施者となり裁判を行っている。一行政区であっても，求償がいかに難しいかが分る。

　他方，都市再生機構は東京都に対して，ダイ特法の地域指定を行わないよう要請している。ダイ特法の地域指定をいったん受けると，その解除のためには，掘削除去による原状回復が必要となる。汚染者への求償が困難であるために，掘削除去に伴う膨大な処理費用の調達ができない。その結果，都市再生機構が巨額の処理費用の負担を強いられ，経営が揺らぎかねないことが，要請の理由として述べられている。結果，都市再生機構は団地内の盛土・舗装を自らの費用負担で自主的に行っており，ダイ特法の地域指定からも外れている。

　本ケースでは，汚染者に求償しPPPを求める北区と，その他の主体による自らの費用負担による自発的処理のギャップが際立った。これはコースが「問題の相互的性質」と述べた事態が起きているといえる。北区所有地以外の土地所有者は，民事訴訟という道があるにもかかわらず，自らの費用負担で処理を行った。その背景には，訴訟に伴う取引費用の存在が推定される。こうした実態からすれば，本ケースにおける土地所有者は，カラブレジが言う最安価事故費用回避者に当たるといえる。取引費用を負担してまで訴訟を起こし汚染者に処理させるよりも，土地所有者が自ら処理することよって，取引費用の発生を防ぎ，処理による土地価格の上昇を享受するのである。

　では，市街地土壌汚染一般において，土地所有者責任が是認されるのであろうか。それには慎重な判断が必要である。次の処理水準で述べよう。

処理水準

　本ケースでは，処理水準についても地所毎に大きなギャップが存在する。その背景には，土壌汚染の処理を行うことによる便益評価の在り方の違いが存在する。団地外ではマーケットベースで掘削除去が採られたのに対して，他方，

団地内では盛土・舗装といった封じ込めがなされた。それはリスク管理に則った処理であった。つまり両者の間では，異なる基準によって処理がなされたのである。

　こうした状況から，第2章で概観した主観リスク（素人によるリスク認知）と，実質リスク（専門家によるリスク認知）の違いが想起される。掘削除去を選択したマーケットベースの基礎をなしているのは，マンション用地として開発する際に，「汚染の残る物件は買わない」という消費者の主観リスクに基づいた性向である。他方，封じ込めの選択の基礎にあるのは，実質リスクと置き換えることができよう。リスク管理の観点からは，ゼロリスクを求める素人のリスク認知に基づく掘削除去は費用がかかり過ぎるし，非効率的だという見方が出てくるであろう。

　しかし，リスクそのものの大きさだけが問題なのではないことも，また見てきたとおりである。むしろ，本サイトではリスクの有無が問題となっている。リスクをめぐる場で扱われるべきは，不確実性，ハザードの質，リスク・便益の帰属の公平性，リスク受容の手続き的公正，決定責任の所在といった，確率だけではない多くの価値判断を含む多くの事柄である。

　団地内における封じ込めの採用は，北区による詳細な土壌調査，その後の環境モニタリング，そして団地関係者への健康調査，複数回の住民説明会があって初めて団地住民にとって受け入れ可能なものであった。[13]北区議会でも処理をめぐって度々議論となった。リスクコミュニケーションの場が，北区という行政によって一定程度作られた。こうした諸手続きあったからこそ，リスク管理という形での封じ込めを採用することができた。そして，詳細なモニタリング・健康調査・住民説明会などに，多大な費用が支出されている。汚染地が私有地であった場合に，民間企業等が，詳細なモニタリングを伴ったリスクコ

---

13) これまで豊島五丁目団地の土壌汚染にかかわる住民説明会は，計10回行われている。その内訳は以下である。2005年4月27日（北区・都市再生機構），2005年6月18日（都市再生機構），2005年7月9日（都市再生機構・トンボ），2005年9月23日（都市機構・トンボ），2005年11月19日（都市再生機構・北区），2006年3月7日（東京都），2006年6月25日（北区），2006年10月25日（東京都），2007年2月15日（北区），2007年9月3日（北区）。

ミュニケーションの場をどれだけ設定できるかは疑問である。だからこそ，民間事業者は掘削除去を自主的に採用しているともいえる。これは東京都23区内という高地価地域であるから可能だったのであり，低地価地域ではこの限りではない。よって市街地土壌汚染一般において，土地所有者責任を是認することはできない。一定の公的介入が必要となろう。

　最後に言及しなければならないのは，結果としてのリスク負担の不平等である。リスク管理が行われているとはいえ，団地内には依然として地中に汚染土が残っている。団地に隣接する掘削除去をした団地外の再開発用地との間での，リスク負担の不平等は存在している。こうした不平等がある限り，封じ込め処理に対する疑問の声は出続けるであろう。

6.5　ダイオキシン類による市街地土壌汚染処理の制度設計

　本ケースの分析を踏まえたうえで，ダイ特法の制度改革への論点を若干示す。
　第1に，ダイ特法が，そもそも公共事業型の土壌汚染処理を想定している点である。ダイ特法は，ダイオキシン類による土壌汚染に対して都道府県が緊急的に対策地域を指定し，汚染土の処理を行う公共事業型の制度である。豊島五丁目団地周辺一帯のような，民有地・公有地を含む雑多な所有形態が混在するような場所で，民間企業や市民が汚染土の処理主体となることは想定されていない。その結果，地所によって処理の在り方が大きく異なることとなった。また，リスク負担の不平等も起こっている。こうした異なる主体による処理水準の採用の正当性を，地域住民へのリスクコミュニケーションを含めてどう担保していくのかが課題となろう。
　第2に，汚染者への求償の困難さについてである。ダイ特法29条の下での汚染者への求償が，個別的な因果関係を求められ，民事訴訟における損害賠償では交渉力がポイントになる。汚染防止へのインセンティブの確保，そして現時点での捨て得を防ぐには，PPPが重要である述べたとおりである。汚染者に対する求償のための取引費用を必要としない土地所有者責任という方向ではなく，取引費用そのものの低減という方向も考えるべきであろう。具体的には，

汚染者への求償の際に土地所有者に課される，汚染と被害との科学的因果関係の立証のハードルを下げることである。さらに，団地内で今回のように封じ込めが採用された後に，土地の転用をすることになった時点で，改めて汚染者に求償することができるのかどうか，ルールづくりが求められる。

第7章　築地市場移転予定地の東京都豊洲における土壌汚染
求められるリスクコミュニケーション

　築地市場は，世界最大の水産卸売市場である。夜明け前から世界中から集まる色とりどりの魚介類のセリが行われ，ターレと呼ばれる三輪車が所狭しと走り回る。午前8時ともなれば，首都圏中から，魚屋や寿司職人をはじめとした買付人が集まる。その活気を一目見ようという観光客もまた，日本中だけでなく世界中から集まる。

　そんな築地市場の移転計画が，近年取りざたされている。市場所有者である東京都は，2003年に江東区豊洲への移転計画を公表，2012年の移転・開場を目指してきた。ところが豊洲新市場予定地は，東京ガスの都市ガス工場跡地であり深刻な土壌汚染地であった。その汚染処理をめぐって，移転の是非を巻き込んだ形で，今日まで論議が続いている。2007年の都知事選挙・参議院選挙，2009年の都議会選挙，2010年の参議院選挙，2011年の都知事選挙いれずれにおいても，築地市場の移転の是非は大きな争点となっている。

　本ケースの特徴は，生鮮食料品を扱う卸売市場の移転先として，土壌汚染が残る，または残っている可能性のある土地が適切なのか否かが問われている点

写真7.1　（左）朝の築地市場（2007年11月筆者撮影）と
　　　　　（右）豊洲新市場予定地（2006年12月筆者撮影）

表 7.1 築地市場移転問題略年表（豊洲新市場予定地の土壌汚染問題を中心に）

年月	事項
1996 年 11 月	第 6 次東京都卸売市場整備計画策定（現地再整備）
1998 年 4 月	業界 6 団体が 臨海部に市場を造ることが可能かどうかについて，東京都の見解を出すよう要望書を東京都中央卸売市場へ提出
6 月	東京都中央卸売市場が業界 6 団体に回答．「移転の判断には市場業界全体の一致した意思と場外市場関係者，関係区の必要」と回答
1999 年 9 月	石原都知事が築地市場を視察「古く，狭く，危ない」と発言
	中央区議会が築地市場の現地再整備を求める意見書を東京都に提出
11 月	中央区，中央区議会，町会などにより「築地市場移転に断固反対する会」が設立
11 月	東京都が築地市場の豊洲移転について，東京ガスへ協力要請
2000 年 6 月	東京ガスが築地市場の豊洲への移転について，東京都に質問状提出
2001 年 1 月	東京ガスが豊洲地区の土壌汚染調査結果を公表
2 月	東京都が東京ガスと協議に向けた覚書を締結
4 月	第 55 回東京都卸売市場審議会で，築地市場を豊洲に移転する答申
7 月	東京都と東京ガスが築地市場の豊洲移転に関する「基本合意」
2002 年 5 月	第 1 回「新市場建設協議会」開催
2004 年 5 月	東京都が豊洲の用地を一部購入
2005 年 5 月	東京都と東京ガスが「豊洲地区の土壌処理に関する確認書」締結
11 月	第 8 次東京都卸売市場整備基本計画に豊洲新市場を 2012 年に開場することを記載
2006 年 4 月	東京都が 2016 年オリンピックへ立候補（築地市場跡地のメディアセンター化構想）
2006 年 2 月	中央区が東京都に対して移転に際しての 7 つの疑問を提訴
10 月	「市場を考える会」が豊洲移転反対デモ
2007 年 2 月	日本環境学会「築地市場の移転問題を考えるシンポジウム」開催
4 月	東京ガスが「汚染拡散防止完了届出書」を提出（環境確保条例上の手続きが終了）
5 月	東京都が「豊洲新市場予定地の土壌汚染対策等に関する専門家会議（専門家会議）」を設置
2008 年 7 月	専門家会議が報告書を提出
8 月	東京都が「豊洲新市場予定地の土壌汚染対策工事に関する技術会議（技術会議）」を設置
2009 年 2 月	技術会議が報告書を提出
	東京都が豊洲新市場整備方針を策定
10 月	移転反対派住民が，豊洲新市場予定地の土壌汚染調査コアサンプルの廃棄差止めを求めて，東京都を提訴
2010 年 3 月	技術会議が提唱する技術・工法の実験を受け，「土壌汚染対策の有効性が確認された」と東京都が発表
4 月	3 月の実験データの初期値が黒塗りであったことが，nature 電子版に掲載される
	反対派住民が「東京都が土壌汚染されていないことを前提に移転予定地の一部を購入したのは，違法な公金支出だ」として，東京都監査委員に住民監査請求をしたが，却下される
5 月	反対派住民が東京都知事らに対して，土地購入費返還訴訟を東京地裁に提訴
2011 年 6 月	築地市場の仲卸業者でつくる東京魚市場卸協同組合（東卸）の理事長に，移転反対派候補が当選
2011 年 11 月	豊洲新市場予定地の土壌汚染の処理工事が始まる
2012 年 12 月	土壌汚染調査コアサンプルの廃棄差止め訴訟の東京地裁判決 原告の訴えを棄却
2012 年 7 月	「土壌汚染対策工事と地下水管理に関する協議会」を設置
9 月	土壌汚染調査コアサンプルの廃棄差止め訴訟の東京高裁判決 原告の訴えを棄却
2013 年 9 月	土地購入費返還訴訟で反対派住民が敗訴
2014 年 2 月	豊洲新市場の建設が着工
2014 年 4 月	土地購入費返還訴訟控訴審で反対派住民が敗訴

出所：筆者作成

である。加えて，移転の対象となっている築地市場は，日本の魚食文化の象徴の1つである。

そしてもう一点は，東京都の提示する土壌汚染の調査・処理方法が度々変更されていることである。その度に，これまでの処理対策と，それに伴い出される安全宣言に対する疑念・批判が出続けた。土壌汚染の顕在化に伴い，豊洲の新市場の開場スケジュールは2012年から2014年に，さらに2016年に延期されている。

こうした対立の原因を明らかにするのが本章の目的の1つである。結論を先取りすれば，その原因は第1に，不確実性と実質リスクの確証性に対する疑念，第2に，リスク受け入れの立場性の相違である。東京都は移転反対派の懸念を「杞憂」だとし，東京都が選んだ専門家が「安全・安心」を確証したとしている。つまり専門家による実質リスクの受け入れを迫る立場である。だが，東京都が言う実質リスクが，本当に実質リスクたりえるのか，その確証性に疑問が持たれている。また本ケースは，築地市場が日本の魚食文化の象徴であるがゆえに，対立が先鋭化した。つまり食文化に対する価値観が，土壌汚染にかかわるリスクの受け入れの立場性に，大きな影響を与えている。こうした対立を乗り越えるには，ゼロリスクとなる処理方法を選択するか（移転を中止することも含む），それができずに一定のリスクの受け入れを迫るのならば，リスクコミュニケーションが必要となろう。

本章の流れは以下である。まず，東京都が提示する豊洲新市場予定地の調査・処理方法について述べる。東京都はこれまで3つの調査・処理方法を提示している。①移転反対運動前の東京ガス・東京都によるもの，②東京都が設立した専門家会議によるもの，③東京都が設立した技術会議によるものである。それらの推移を述べる。次に，移転反対派が抱く懸念について述べよう。東京都が提示する調査方法・処理方法の問題点だけではなく，手続き上の問題点も大きいことを述べる。そのうえで，先に述べた対立の原因と，その制度的な打開点，つまりリスクコミュニケーションの戦略について述べる。

7.1　汚染の経緯と発覚

汚染の経緯

　豊洲の新市場予定地が立地する豊洲ふ頭は，1948 年に始まる埋め立てによって造成された土地である。1950〜1952 年には石炭・鉄鋼バースが造られ，1956 年には石炭を原料とする都市ガス製造工場が隣地に建設され，1988 年までの 32 年間にわたって操業を続けた。都市ガスの製造工程では，触媒としてヒ素化合物などが使用され，また副生物としてタール状のベンゼンやシアン化合物が発生した。有害物質が操業中に不意に漏れ出したり，土の上で直接タールを扱ったりしたため，製造プラントの敷地部分だけでなく，工場全体にわたる全面的な土壌汚染となっている。

再開発での市場移転決定までの経緯

　1990 年代，東京ガス工場跡地を含む豊洲一帯は，商業・業務及び住宅用地としての開発が構想されていた（東京都［1997］）。また，東京都中央卸売市場管理部からは，築地市場の現地再整備に向けた「再整備ニュース」が 1991〜1994 年まで発行されていた。だが，1999 年の石原東京都知事の築地現地視察を契機として，築地市場が豊洲に移転する方向となった。2002 年には，東京都から東京都［2002］豊洲・晴海開発整備計画－再改定（豊洲）案－が出された。住宅用地が大幅に減り，市場用地としての利用が明記されることとなった。

　東京ガスは，当初，豊洲工場跡地の市場としての利用に消極的であった。1999 年，東京ガスは東京都に対して「弊社豊洲用地への築地市場移転に関わる御都のお考えについて（質問）」を提出している。その中で，豊洲の土壌汚染にも触れており，「弊社では，土壌の自浄作用を考慮したより合理的な方法を採用し，長期的に取り組む予定でありますが，譲渡に当たりその時点で処理ということになれば，大変な改善費用を要することになります」として，その対策費用の多さを警告していた。また，豊洲における商業・業務・住宅用地と

図 7.1　築地市場及び豊洲新市場予定地の位置図

出所：GoogleEarth から筆者作成

市場の隣接利用は難しいとして，豊洲移転に反対している。

　築地市場が立地する中央区も豊洲移転に反対していた。1999 年には，中央区長・中央区議会・町会などによって「築地市場移転に断固反対する会」が設立された。また，東京都による豊洲移転計画に対抗する形で，2000 年に「中央区［2000］築地市場現地再整備促進基礎調査報告書」を作成している。交通アクセス，市場と周辺の食をめぐるネットワークの存在，ブランドを含めた歴史的蓄積という観点から，築地での現地再整備を提言している。また，2001 年には中央区長・中央区議会が，豊洲移転を主張する石原知事に対して抗議している。

　こうした反対の声にもかかわらず，東京都は築地市場の豊洲移転を強硬に進めていった。築地市場の豊洲移転は，2006 年に東京都が招致立候補をした

2016年夏季オリンピックとも関連を持つ。当初，東京都は築地市場移転の理由の1つとして，築地市場用地をオリンピック用のメディアセンターとして利用する計画を挙げていた。だが，2009年に東京都は落選したにもかかわらず，築地市場の豊洲移転の姿勢を崩していない。

東京ガスによる調査・処理と汚染の発覚

　汚染地の所有者である東京ガスは，1998年から自主調査を始めていた。また2001年に施行された東京都条例「都民の健康と安全を確保する環境に関する条例（以下，環境確保条例）」に基づき土壌の調査を行っている。

　30m四方につき1地点，つまり30mメッシュでのベンゼンの表層汚染調査，任意の48地点での深度7mまでのVOC調査，重金属については30mメッシュで深度3mまでの調査を行った。ベンゼン，ヒ素，鉛，水銀，6価クロム，シアン化合物の環境基準以上の汚染が見つかっている。これに対して，東京ガスは以下のような汚染土の処理を行った。①現地盤面（A.P. +4m）からA.P. +2mの範囲で，操業由来の汚染土をすべて環境基準以下に処理する。[1] ②A.P. +2mより下の汚染土については，地下水環境基準の10倍を超える土壌のみを環境基準以下に処理する。つまり，地下水環境基準の10倍未満の汚染土はA.P. +2m以下に残存することになる。

　東京都は，東京ガスによる自主的な土壌汚染処理を追認する形で，築地市場の豊洲への移転計画を進めていた。2006年になると，東京都は仲卸業者を中心とした市場関係者に，豊洲新市場への移転計画の説明会を始めた。その中で，ようやく豊洲が土壌汚染地であることが表立ってきた。説明会にて東京都は，「豊洲は適切に処理をするので安全」と繰り返した。

　東京都は説明会で，東京ガスが行った自主処理に上乗せする形での処理方法を提案した。東京ガスが行う処理に加えて，現地盤面（A.P. +4m）からA.P. +6mまで盛土をする。但し，A.P. +2m以下の地下水環境基準の10倍未満の汚染土には手をつけないという点では，変わりはなかった。

---

1) A.P.とは荒川ポイントのことであり，荒川の河口水位を標準とした海抜の高さを表す指標である。

だが，築地市場の仲卸業者を中心として土壌汚染問題への不安は拡がっていく。特に懸念されたのが，有害物質が一定程度地中に残ることによる表層土壌の再汚染であった。

　移転反対の取り組みが生まれていった。2006年10月には，仲卸業者が移転反対のデモを開催した。2007年2月には，築地市場の仲卸業者の協賛を受ける形で，日本環境学会・日本科学者会議が「【築地市場の豊洲移転を考える】シンポジウム」を開催し，本問題が世間の注目を集めることとなった。同年3月には，仲卸だけでなく市民を含んだ大規模なデモが行われ，約5,000人が参加した。また，2007年の東京都知事選，2008年の参議院選挙の東京の選挙区では移転の賛否が大きな争点となった。

　土壌汚染への懸念と移転反対の声に押される形で，東京都は2007年5月に，「豊洲新市場予定地の土壌汚染対策に関する専門家会議（以下，専門家会議）」を設置した。東京都は土壌汚染調査・処理の妥当性について再検討を行わざるをえなくなったのであった。

7.2　東京都による追加対策

7.2.1　専門家会議による調査と処理方法の提案

　2007年5月，都知事の任命の下，4人の学識経験者からなる専門家会議が発足した。9回に及ぶ検討会の後，2008年7月に「豊洲新市場予定地の土壌汚染に関する専門家会議報告書」がまとめられた。ここでは東京都による追加調査と，それに基づく追加の土壌汚染処理方法が記載されている。詳しく見てみよう。

追加調査

　東京ガスの処理方法では，地中に残された有害物質による表層土壌の再汚染が懸念された。そこで，2007年8～10月に追加調査として，有害物質の媒体となる地下水挙動，毛細管現象を把握するための調査，併せて地下水水質の調

査が，計66ヵ所のボーリングによって行われた。

　その結果，ベンゼン，シアン化合物，ヒ素，鉛の地下水環境基準を上回る汚染が見つかった。ベンゼンが地下水環境基準の1,000倍，環境基準では検出されてはならないとされているシアン化合物が検出限界の800倍という値であった（豊洲新市場予定地の土壌汚染に関する専門家会議報告書（修正版）[2008] pp. 4-1-4-53)。これら汚染は，東京ガスによる調査では見落とされていたものである。東京都による処理方法の土台となっていた東京ガスの調査の正当性が崩れることとなり，調査・処理方法の根本的な再検討を迫られることとなった。

詳細調査へ

　土壌汚染に対して適切な処理を行ううえで前提となるのが，地中の有害物質の把握である。汚染が疑われる土地をボーリングし，地中の汚染を発見しなければならない。ボーリング調査の精度は，地点数，深さ方向で何点採取するかによって決まる。

　当初，東京ガスと東京都は，東京都環境確保条例に基づき調査を行った。重金属は30mメッシュでの調査を行った。つまり30m四方，900㎡毎に1地点ボーリングした。上記の調査による汚染の見落としが明らかになったことによ

図7.2　土壌及び地下水の試料採取地点概念図

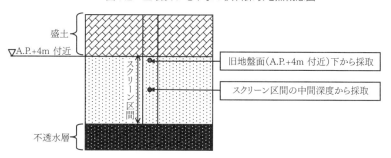

出所：豊洲新市場予定地における土壌汚染対策等に関する専門家会議 [2008] p. 5-5

り，専門家会議は10mメッシュ，つまり10m四方，100㎡毎に1地点のボーリング調査を行った。ボーリング地点が9倍に増えたのである。土対法では10mメッシュでの土壌調査を義務づけており，それに準ずるものであった。敷地全面にわたって，4,122本のボーリング調査が新たに行われた。深さについては，東京ガス操業当時の地盤面，つまり旧地盤面（A.P. +4m付近）から50cm下の土壌を採取し，同様に旧地盤面から不透水層の中間深度で地下水を採取した（図7.2）。つまりボーリング1本当たり2つのサンプルを採取した。

その結果，当初の調査による汚染の見落としが明らかとなった。ベンゼン・シアン化合物・ヒ素・鉛・水銀・6価クロム・カドミウムが環境基準を上回って検出された（豊洲新市場予定地の土壌汚染に関する専門家会議報告書（修正版）[2008] pp. 5-1–5-41）。特にベンゼンとシアン化合物による汚染は深刻で，汚染は局所的なものではなく，敷地全面にわたる。地下水調査での全検体4,122本中，環境基準を上回ったのはベンゼンが13.6%（図7.3），シアン化合物が23.4%にのぼる。表層土壌の汚染も深刻で，最高濃度はベンゼンが環境基準の43,000倍，シアン化合物が検出限界の860倍であった。東京ガスが既に行った処理により，表土の汚染はないはずだったが，多くの地点で環境基準を上回る汚染が見つかった。

4,122本の調査地点で環境基準を上回ったものについては，絞込み調査の対象となった。土壌環境基準・地下水環境基準を上回る汚染が見つかった1,475地点では，深度方向に1m毎に土壌調査を行った。11,331検体中1,986検体（17.6%）が環境基準を上回った。そのうち環境基準の1,000倍を上回ったのは，8検体であった。

専門家会議による処理方法の提案

新たに全面的な汚染が見つかったことにより，汚染土の処理方法も再検討された。専門家会議は，東京ガス及び東京都の処理に上乗せする形での処理方法を提示した（豊洲新市場予定地の土壌汚染に関する専門家会議報告書（修正版）[2008] pp. 9-3–9-7）。その概要は図7.4である。

まず，土壌部分については，東京ガスの工場操業時の旧地盤面（A.P.

172

図 7.3 地下水濃度分布図（ベンゼン）

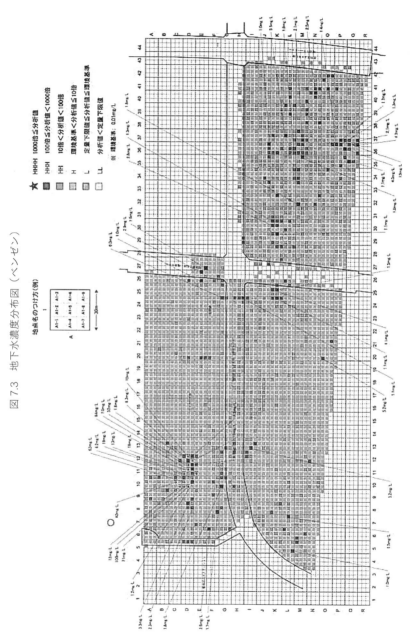

豊洲新市場予定地における土壌汚染対策等に関する専門家会議 [2008] p. 5-29

第7章　築地市場移転予定地の東京都豊洲における土壌汚染

図7.4　対策実施後の市場予定地の状況

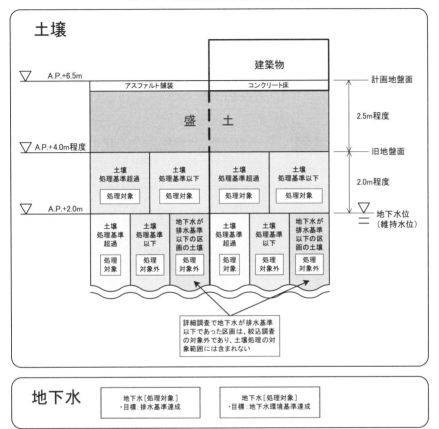

豊洲新市場予定地における土壌汚染対策等に関する専門家会議［2008］pp. 9-7

+4.0m）から A.P. +2.0 m までの土壌を全て掘削し，入れ替える。これは土壌環境基準を上回っているか否かに関わり無く，すべての敷地にわたって旧地盤面から 2m 下までの土を掘削し，清浄土と入れ替えるというものである。そして，A.P. +2.0m より下の汚染土壌については，環境基準以下まで処理をする。そのうえで，旧地盤面から 2.5m 盛土をし，最上部はアスファルト・コンクリートで被覆する。

地下水に関しては，建物敷地とそれ以外で対策が異なる。建物敷地は建設前に，地下水環境基準に適合するよう揚水による地下水浄化を行う。その際，周辺の汚染地下水との接触による再汚染を防ぐために，建物敷地周辺に遮水壁を地中深くに打ち込む。他方，建物建設地以外では，地下水環境基準の10倍以下を目指して浄化を継続的に続ける。また，汚染地下水の毛細管現象による上昇での表層土壌の再汚染を防ぐために，地中に砕石層を設置する。さらにポンプで地下水をくみ上げ，水位管理を行うというものであった。

リスク評価に基づく処理方法の提案

専門家会議が処理方法を選定するにあたって，リスク評価モデルによる曝露量の計算が行われた（豊洲新市場予定地の土壌汚染に関する専門家会議報告書（修正版）[2008] pp. 7-1–7-20)。リスク評価を実際の市街地土壌汚染処理に適用する試みは，日本で初めてのものである。その内容を紹介しよう。

ベンゼン・シアン化合物・水銀・ベンゾ（a）ピレン・石油系芳香族炭化水素について，アメリカで土壌汚染処理の際に広く用いられているRBCA（Risk-Based Corrective Action）というリスク評価ソフトを使用し，評価を行った。次の手順で，地中の有害物質が人間の健康被害に与えるであろうリスクの評価を行った。①地下水中の有害物質が地上に揮発することによる，地上の有害物質の空気中濃度の算定，②地上の有害物質の空気中濃度による生涯曝露量の算定，③ベンゼン・ベンゾ（a）ピレンなどの発ガン性物質の吸入による生涯発ガンリスク，非発ガン性物質であるシアン化合物・水銀・芳香族炭化水素の吸入による生涯リスクの算定，④人の健康リスクから見た目標地下水濃度の算定，である。

専門家委員会は，安全側での評価を行うというスタンスから，実際に豊洲で検出された地下水汚染の最高濃度をもって評価をした。その結果，ベンゼンとシアン化合物が目標リスクを上回った。ベンゼンについて目標発ガンリスクである 1×10^{-5}，つまり10万人に1人が一生涯中にガンを発症するという指標を上回る，9.2×10^{-4} という値であった。シアン化合物については，ヒトにとっての無影響量の上限値と曝露量の比，つまりHQ（Hazard Quotient）の値

が1を上回る 3.5 というスコアであった。

　こうした結果を受けて，目標リスクを達成するための目標地下水濃度が求められた。つまり発ガンリスクに関しては 1×10^{-5}，非発ガンリスクについては HQ が1未満となるような地下水中の有害物質の濃度を求めるのである。ベンゼンは 1.1mg/ℓ，シアン化合物は 3.7mg/ℓ という値が算出された。シアン化合物のうち，地上への移動が懸念されるシアン化水素は，シアン化合物のうちの一部である。しかしリスク評価においては，地下水中のシアン化合物が全てシアン化水素であると仮定した，安全側に立った評価を行った。

　専門家会議は，彼らが提示する処理方法によって，目標リスク及び目標地下水濃度を達成することができると結論づけている。A.P+2 m～A.P. +6.5 m までは清浄土となり，さらに上部はアスファルトやコンクリートで覆われる。A.P. +2 m より下の残存する有害物質が懸念されるが，それらは地下水環境基準の 10 倍未満，つまりベンゼンでは 0.1mg/ℓ 未満のものしか残らない。その結果，リスク評価での目標地下水濃度 1.1mg/ℓ も達成できる。さらに，建物敷地では揚水による地下水処理を行い，建設前に地下水環境基準（ベンゼンでは 0.01mg/ℓ，シアン化合物で 0.1mg/ℓ 未満）をクリアするとしている。生鮮食料品を扱う建物敷地では，万が一を考えて「安全」だけでなく「安心」にも沿った処理方法を採用すると述べている（豊洲新市場予定地の土壌汚染に関する専門家会議報告書（修正版）[2008] pp. 9-1-9-13）。

　専門家会議は，2008 年 7 月に以上のような報告書を出し解散した。その後の処理方法の具体的策定は，豊洲新市場予定地の土壌汚染工事に関する技術会議（以下，技術会議）に委ねられることとなった。

7.2.2　技術会議による処理方法の提案

技術会議による処理方法の変更

　専門家会議の提言を踏まえ，土壌汚染対策を具体化するとして，2008 年 8 月に発足したのが技術会議である。民間企業から効果及び費用面で優れた技術を公募し，評価・選定するという。座長の氏名が公表されたのみで，他の委員名は発足時非公開とされた。

土壌汚染処理，液状化対策，地下水管理などの技術公募が221件集まった。総じて費用の縮減という観点から，以下のような新たな対策案が採用され，専門家会議の提言が一定の変更を受けた。主な変更点は以下の3点である（豊洲新市場予定地の土壌汚染対策工事に関する技術会議［2009］pp. 13-19）。

①遮水壁の一括化，敷地全体の地下水浄化である。専門家会議では，地下水の流動を防ぐために建物敷地とそれ以外の敷地に遮水壁を設けることを予定していた。技術会議では，こうした遮水壁を敷地境界に一括化し，建物敷地とそれ以外の敷地の間の遮水壁を設置しないとした。市場敷地全体にわたって地下水環境基準値以下まで浄化するとした。

②原位置での微生物によるベンゼンの前処理である。掘削を行う前に，汚染原位置において微生物処理を行うことによって，後に加熱処理しなければならない汚染土を減らすものである。

③A.P. +4m以上の東京ガスによる盛土の再利用である。東京ガスはかつて自主的に行った処理で，旧地盤面であるA.P. +4mの上に盛土を行った。技術会議はこれら盛土を清浄土として扱い，敷地内で再利用するとした。

これら変更点のうち，地下水を環境基準まで浄化するというのがポイントである。専門家会議は，リスク評価を行った結果，目標発ガンリスクをクリアしているとして，建物敷地外の地下水のベンゼン濃度について環境基準の10倍未満まで許容している。それに対して，技術会議は，地下水環境基準を敷地全面にわたってクリアするとしている。結局，リスク評価に関わりなく，敷地全面にわたって汚染を残さない原状回復が採用された。

専門家会議の処理方法からの変更によって，技術会議は，処理費用と工期が大幅に圧縮できると述べている。専門家会議の処理方法が973億円22ヵ月の工期を要するのに対して，技術会議の処理方法では586億円20ヵ月の工期に縮減できたとしている（豊洲新市場予定地の土壌汚染対策工事に関する技術会議［2009］pp. 21-22）。

追加処理

技術会議の報告書を受けて，2011年11月に処理工事が始まった。市場予定

第 7 章　築地市場移転予定地の東京都豊洲における土壌汚染

図 7.5　土壌汚染対策（概念図）

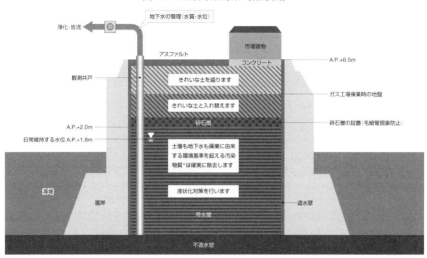

第 5 回土壌汚染対策工事と地下水管理に関する協議会 資料 1-1「土壌汚染対策の概要」

図 7.6　土壌汚染対策工事の流れ

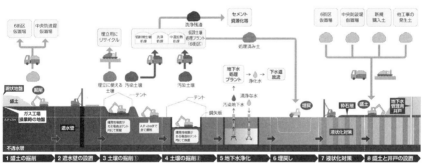

東京都中央卸売市場［2013］p. 2

地全体の 4,122 ヵ所中，1,475 地点で汚染処理が行われた。国内最大級の土壌汚染処理であった。その概要は図 7.5・7.6 のとおりである（東京都中央卸売市場［2013］・「第 5 回土壌汚染対策工事と地下水管理に関する協議会 資料」）。

まず敷地全面にわたって，現状の地盤面から 2.5m 掘削し，ガス工場操業当

時の地盤面を出す。この土は，モニタリングの後に盛土として再利用される。そして，市場予定地の周囲を取り囲むように，不透水層まで遮水壁を打ち込み，敷地外との地下水の移動を防ぐ。そして，敷地全面にわたって，ガス工場操業当時の地盤面から 2m を掘削する。この土のうち汚染のないもの（63.2 万㎥）は場外搬出され，東京湾の新海面処分場などで埋め立てられた。

　土壌の汚染が確認された箇所の四方には，鋼矢板が不透水層（有楽町層）まで打ち込まれる。鋼矢板内側の汚染土壌は掘削される。深さ 1m 毎に汚染の有無を調査し，2m 連続して汚染が発見されなくなるまで，掘り続ける。揮発性のある汚染が確認された場合は，気密性のあるテントで覆った中で掘削した。掘り出された汚染土（32.1 万㎥）は，敷地内に仮設された処理プラントで，土壌環境基準値未満に処理される。これら処理済みの土は埋め戻しに使われた。その他の地下水汚染が確認された箇所では，四方に鋼矢板が打ち込まれた。鋼矢板内の汚染地下水をくみ上げ，処理プラントで浄化し，浄化後の水を地中に戻すことを繰り返した。

　これら汚染処理が終わった後に，液状化対策がなされた。そして，地下水の毛細管現象による上昇を防ぐために，約 50cm の厚みで砕石層を設置し，さらに上部に約 4m の厚みの清浄土による盛土をする。今後，地下水位を低く保つため，ポンプを使い適宜地下水位を管理していくという。

　現在，豊洲新市場予定地は，封じ込め処理などの汚染が残る土地である形質変更時要届出区域の指定を受けている。東京都は 2 年間の地下水のモニタリングの後，同指定の解除を目指すとしている（東京都中央卸売市場ホームページ「第 2 回土壌汚染対策工事と地下水管理に関する協議会議事録」p. 21）。つまり，土対法上では原状回復・ゼロリスクにつながる処理方法が採られたのである。

　処理工事と並行して，2012 年 7 月に，新たに「土壌汚染対策工事と地下水管理に関する協議会（以下，協議会）」が設置された。3 人の学識経験者と，築地市場で働く仲卸をはじめとした諸団体の代表が集まり，工事の進捗に合わせて討議を行っている。座長は土壌汚染を専門の 1 つとする東京農工大学の細見正明である。この協議会にはかつての移転反対派もメンバーに入っており，

利害関係者が関与する一定のリスクコミュニケーションが行われている。

7.3　移転反対派は何を危惧するのか

紆余曲折があったものの，東京都は結局，土対法上の形質変更時要届出区域からの削除を目指した処理方法を採用した。土対法上は，原状回復・ゼロリスクといえる処理方法であった。とはいえ，移転反対派は以下の諸点に基づき，移転に反対している。

調査への懸念

適切な土壌汚染処理の前提として，地中の有害物質を把握する調査が必要である。だが，これまでの調査方法では，汚染の見落としが懸念されている。これらの一部は，土対法の調査方法への批判にもつながる。

第1に，有楽町層以下の汚染の有無についてである。豊洲の地質の下部には，水を通さない層（不透水層）である有楽町層が存在していると，東京都は一貫して主張してきた。有楽町層は不透水層であるがゆえに，有楽町層以下には有害物質は拡散していないという見解をとってきた。しかし，豊洲には既に電車のゆりかもめの橋脚が建っているため，その基礎杭によって有楽町層は破られており，汚染の下部への移動が懸念される。また，市場を移転するとなれば，構造物の基礎杭は有楽町層を貫通するであろう。さらには，そもそも有楽町層が均質に存在しているのか，疑問が投げかけられている（坂巻［2009］pp. 29-30）。「土壌汚染対策工事と地下水管理に関する協議会」でも，有楽町層より下の汚染について度々討議されている。東京都は有楽町層内に汚染がしみこんでいる事は認めている。しかし，有楽町層より下の地層への汚染浸透は明確に否定している（第5回土壌汚染対策工事と地下水管理に関する協議会議事録 p. 9）。

第2に，調査の確度についてである。新市場予定地は，調査の不足が外部から指摘されるたびに，度々再調査されてきた。その際，いくつかの地点は，複数回にわたって再調査されることがあった。同じ区画であれば同一の調査結

果が出るはずなのだが，再調査の際にボーリング孔が50㎝離れただけでも，前回検出された有害物質が検出されないといったことが起こっている。東京ガスによる調査の際，シアンが18地点から見つかっているが，後の東京都の調査では5地点しか見つかっていない。また同様に，ベンゼンについては東京ガスの調査では13地点から見つかっているが，東京都の調査では4地点でしか見つかっていない（コアサンプル訴訟準備書面（9）平成21年（ワ）第43599号）。土対法の調査方法と対比して，1㎡毎に土壌調査を行い，より詳細に有害物質の存在を把握すべきという「単元調査法」を主張する研究も存在する（楡井［2010］）。

　第3に，調査の粗さについてである。専門家会議が提案した敷地全域にわたる10mメッシュでの4,122本の詳細調査は，表層50㎝，地下水の中間深度の2点でしか検査をしていない。詳細調査で汚染が見つかった地点でのみ，深度1m毎の絞込み調査が行われる。これらは土対法に則った調査方法である。しかし，この調査では，地中の有害物質のランダムな分布を把握することはできず，都の調査では汚染を見落としている恐れがあるという。こうした調査では，一帯の地質構造と汚染の関係の，基礎的な解明にもつながらないと指摘されている（坂巻［2009］p. 29・畑［2010］p. 89）。

処理方法への懸念

　技術会議の工法に基づけば，A.P. +4m（旧地盤面）〜A.P. +2mまでは環境基準を上回る汚染は残らず，A.P. +2mより下の地下水についても，地下水環境基準を上回る汚染は残らないとされている。しかし，これらがそもそも可能なのか，疑問が投げかけられている。

　第1に，汚染土と清浄土の分別である。A.P. +2mより下の層については，調査に基づき汚染されている箇所と汚染されていない箇所を判別し，処理を行うとされている。しかし，上記のように汚染を見落としかねない調査の下での，清浄土と汚染土の細かい分別に疑問が投げかけられている。さらには，詳細調査での汚染の見落としが懸念される中で，汚染土と清浄土の区別が適切に行えるのかどうか，疑問が持たれている（日経コンストラクション［2009］・畑

写真 7.2　豊洲新市場予定地の地下水（左：2007 年 2 月，右：2008 年 3 月筆者撮影）

[2010] pp. 92-93）。

　第 2 に，地下水浄化のモニタリング期間についてである。地下水汚染においては，土壌中の有害物質が地下水移動や季節変動によって移動する恐れがあるので，ある地点でいったん基準をクリアしたとしても再び汚染が発見される場合がある。よって，土対法では，汚染地としての指定からの解除される際，処理対策後 2 年間のモニタリング期間が設けられている（土対法施行規則別表第 6）。東京都は，2014 年 2 月の第 17 回の技術会議において土壌汚染対策が完了したとし（第 17 回豊洲新市場予定地の土壌汚染対策工事に関する技術会議会議録 p. 17），2 月末には豊洲新市場に着工している。また，協議会では東京都による安全宣言を望む声が上がった。東京都は，地下水管理などを含めて，段階的に安全確認をしていくとした（第 5 回土壌汚染対策工事と地下水管理に関する協議会会議録 pp. 17, 21-22）。

　第 3 に，液状化の懸念である。豊洲の地盤は，表面は礫混じり土砂だが，地中は緩い粘性土と，水分を多く含んだ砂質土からなり，震災時には地盤の液状化が懸念されている。豊洲新市場予定地では，液状化対策が既に行われているが，移転反対派は汚染の見落としに伴い残存した有害物質が，震災時に液状化によって地中から表土に流出する恐れを指摘している（坂巻 [2008] p. 127）。卸売市場は，震災時には食品流通の要としての役割がさらに重要となる場所であり，そうした市場の機能が，有害物質によってストップするという

のである。

7.4 手続き上の問題点

これまでは技術的問題を見てきたが，これと並んで大きな問題となっているのが，手続き上の問題点である。情報公開の不十分さ，専門家の人選，議論・説明不足などのいわゆる手続き面での問題点が本ケースの初期に目立った。これらが本問題を長引かせたともいえる。

情報公開の不十分さ

東京都は，移転反対派が推す研究者による汚染試料のクロスチェックを，問題の発覚当初から頑なに拒んできた。また，ボーリングの柱状図などの生データも後々になってようやく公開としている。こうした中で，東京都の情報公開の不十分さを象徴する2つの事件があった。

第1に，データ黒塗り問題である。技術会議が選定した処理方法の効果を確認するために，東京都は2010年1月に汚染土処理の実験を行った。そして3月には実験は成功したと東京都は中間報告を出した。豊洲で検出されたベン

図7.4 初期値が黒塗りされた実験結果

表-2 中間報告一覧

工法	位置	調査時点の濃度 (mg/L)	試験開始時点の濃度 (mg/L)	3月9日時点の濃度 (mg/L)		指定基準適合項目 (○：適合)
				1回目	2回目	
洗浄処理	No.7 (D12-2)	シアン：17	■■■	0.1	<0.1	○
	No.8 (P29-4)	ヒ素：0.52	■■■	0.075	<0.005	○
	No.9 (E11-1)	ベンゼン：0.084 シアン：0.2 ヒ素：0.034	■■■	0.012 <0.1 <0.005	0.001 — —	○ ○ ○
中温加熱処理	No.10 (G10-4)	ベンゼン：430 シアン：86	■■■	0.003 <0.1	— —	○ ○
	No.11 (E20-7)	ベンゼン：4.2	■■■	0.003	—	○
中温加熱処理＋洗浄処理	No.12 (D11-1)	ベンゼン：40 シアン：93 ヒ素：0.013	■■■	洗浄処理実施中		○ ○
	No.13 (O38-1)	シアン：1.9 ヒ素：0.17	■■■			○ ○

※液膜については精査中

出所：東京都への情報公開請求により入手。

第 7 章 築地市場移転予定地の東京都豊洲における土壌汚染

写真 7.3 （左）ボーリングコアと（右）ボーリング掘削機（2008 年 3 月筆者撮影）

ゼン濃度の最高値である環境基準の 4 万 3,000 倍のベンゼンを，環境基準値未満に浄化することに成功したと発表した。しかしその後，都議会議員が本実験のデータを情報公開請求にて入手したところ，実験の初期値が黒塗りされて出てきた（図 7.4）。つまり処理後の濃度のみが記載されていたのである。この問題は，都議会でも大きな論議を呼んだ。また，2010 年 4 月 26 日付けの *nature* の電子版でも取り上げられ，東京都の情報公開の閉鎖性に疑問が投げかけられた。その後，黒塗りされた初期値は，環境基準の 2.7 倍に過ぎないことが明らかになった（読売新聞 2010 年 7 月 20 日）。技術会議が提示する処理方法で，想定どおりの処理が可能なのかどうか，疑問が持たれている。

第 2 に，コア廃棄問題である。2009 年 3 月，東京都は 2007〜2008 年にかけてボーリングによって採取してきた 725 ヵ所の土壌試料（コア）を廃棄するとした。移転反対派は，現場への立ち入り，クロスチェックが認められていない中，重要な物証であるコアを廃棄することは，悪質な証拠隠滅に当たるとして差止めを求めた。だが東京都はこの申し出を拒否した。移転反対の仲卸業者からなる「市場を考える会」のメンバーが東京都を相手取り，コアサンプルの廃棄差止めを求めた訴訟を起こしている（みなと新聞 2010 年 7 月 2 日・日刊食料新聞 2010 年 7 月 2 日）。

専門家の人選

移転反対派は，東京都が選定した専門家会議や技術会議との公開討論，調査

データのクロスチェックを一貫して要求してきた。処理方法を討議する委員会に反対派の推す研究者を参加させることも，要求してきた。だが東京都は頑なにそれを無視し続けている。

移転反対派の研究者の見解は，移転反対派のシンポジウムやマスコミなどを通じて，広く世間に伝えられた。とはいえ，移転反対派の研究者の議論への参加は外からのものであった。そもそも，移転反対派の研究者による指摘がなければ，豊洲の土壌汚染の再調査と追加対策は無かったにもかかわらず，である。

技術会議をめぐる人選は，特に批判が集まった。専門家会議が解散した後に設立された技術会議は，座長のみの氏名が明らかにされるにとどまった。東京都は企業と委員の癒着を防ぐため，と説明している。技術会議の委員の専門性についても疑問が持たれている。座長の専門はロボット工学であり，土壌汚染とは全く無縁である。7人の委員の中で，土壌汚染に関わりのあるのはわずか1名のみであり，土木に関するのが2名である。現に都議会経済港湾委員会における技術会議の報告と質疑では，座長は，あらかじめ用意された原稿に基づく質疑応答を繰り返すのみであった。なお，座長の原島文雄は後に首都大学東京の学長に就任している。

地下水協議会では，学識研究者の専門性は，一定改善された。水質汚染・土壌汚染・地下水流動などの専門家がメンバーに入っている。

説明会・議論の不足

東京都が提示する汚染処理の在り方は，公の議論にさらされたのだろうか。当初は全く不十分であった。

専門家会議は，2007年5月から計9回開催され，うち8回は傍聴が認められた。傍聴希望者は毎回200人近くにのぼっていたが，東京都は40人分の傍聴しか認められず，抽選によった。都議会議員にも，仲卸業者にも特別枠のないものであった。都議会議員からの強い要望によって，後にようやく音声だけの傍聴室が用意されたが，これとて人数が入りきらずに抽選となった。専門家会議が閉会した後には，専門家会議メンバーからの強い要望によって傍聴者との質疑応答がなされた。当初は30分，1人1問限りという制約であったが，

最終回には 60 分，再質問も可能という形にまでなった。しかし，東京都職員による質問者への指名は非常に偏っており，「市場を考える会」の推す研究者は，なかなか発言の機会が与えられなかった。会場から怒号が飛ぶ中，専門家会議の委員に諭され，東京都職員はようやく限定的な発言を認めるという状況であった。会議資料と議事録の Web 上での公開は，迅速に行われた。

　技術会議は，2008 年 8 月から 2014 年 2 月まで計 17 回開催されている。発足当初の技術会議は徹底的な秘密会議であり，傍聴はいっさい認められなかった。座長以外の委員名と議事録が公開されたのは，最終報告書が出てからであった。だが，ここでは発言者の個人名は伏せられている。

　豊洲の新市場は，環境アセスメントの対象となっている。方法書・評価準備書の段階で，中央区・江東区で説明会が開催されている。ここでも移転反対派の研究者への発言は制限され，会場からは多くの非難の声があがった。

　2012 年 7 月に，土壌汚染対策工事と地下水管理に関する協議会が設置され，ようやく利害関係者を含めた情報の共有と討議が行われることとなった。2012 年頃には，仲卸業者らによる移転反対運動は沈静化し，反対運動の主な担い手は消費者や地域住民となっている。

7.5　費用負担と新市場予定地の買取価格

　豊洲新市場予定地の土壌汚染処理費用の一部は，東京都も負担することとなっている。これに対して，PPP に反するという声が上がっている。こうした処理費用の負担関係を表 7.2 に示した。

　東京ガスと東京都は，豊洲の新市場予定地の土壌汚染処理について，2005 年に「豊洲地区用地の土壌処理に関する確認書」を取り交わしている。これによると，新市場予定地敷地内の有害物質は，表土（現時盤面 A.P. +4m）から A.P. +2 m までのものについては，東京ガスが土壌環境基準以下まで処理を行うとされた。他方，A.P. +2 m より下部の有害物質の処理は，東京都が行うこととなった。これに基づき，東京ガスが負担した処理費用は約 100 億円である（読売新聞（都民版）2011 年 3 月 26 日「豊洲土壌改良費　東京ガス 78 億円

表 7.2　豊洲新市場予定地における土壌汚染処理費用と費用負担

	処理費用（億円）		費用負担主体	費用負担割合(%)
東京ガスによる初期対策	100		東京ガス	22.9
東京都による対策	586	78	東京ガス	
		508	東京都	77.1
東京都による追加対策	90		東京都	

出所：本文中引用資料より筆者作成

負担」）。

　他方，東京都による追加対策として技術会議が提示した処理費用は，当初586億円である（豊洲新市場予定地の土壌汚染対策工事に関する技術会議［2009］p. 21）。このうち78億円を東京ガスが追加負担し，残りの508億円を東京都が負担することで，両者は合意している（「豊洲地区用地における東京都との土地売買契約ならびに土壌汚染対策費の負担に関する合意について」）。後に処理費用は90億円上積みされている（東京都ホームページ「平成25年度最終補正予算（案）補正予算編成の基本的考え方」〔http://www.metro.tokyo.jp/INET/KEIKAKU/2014/02/70o2i108.htm〕）。

　以上をまとめると，処理費用の総額は776億円である。そのうち東京ガスが178億円（22.9％），東京都が598億円（77.1％）を負担している。汚染者負担が著しく低い。

　さらに批判を集めているのが，東京都による新市場予定地の買取価格である。新市場予定地全37.32haのうち，東京都は2006年に，土地区画整理事業の換地として16.34haを，東京ガスから10.18haを取得している。換地は，豊洲地区の1・2・4街区の土壌汚染のない東京都所有の土地と，5・6・7街区の東京ガス及び関連会社との土地の交換である。換地や購入の際，土壌汚染のない土地として扱っている。これまでに購入及び換地が済んだのは13.78haであり，価格は720億6,895万円である（東京都議会 経済・港湾委員会要求資料2007年2月28日）。残りの23.54haの取得のために，2010年度予算では1,280億9,800万円が計上された。

　これについて，情報公開請求により入手した「東京都財産価格審議会議案

（財務局試算運用部・中央卸売市場管理部）土地の買取価格について　議案25（平成18年11月10日）」には，新市場予定地の7街区の土地価格について以下のように記されている。「土壌汚染対策については，土壌汚染物質が発見された場合には，従前の所有者（仮換地前の所有者：東京ガス）が処理対策を実施することになっているため，土壌汚染は存しない更地として評価する。なお，土壌汚染調査の結果，土壌汚染対策法に定める汚染物質（シアン，ベンゼン等）の存在が判明したが，既に条例に基づく適切な処理対策が実施され，その作業が完了しており，現在，汚染物質は存在しない」

　上記の汚染がないという想定は，これまで見てきたとおり，新市場予定地の汚染実態からは，かけ離れたものである。土壌汚染を考慮しない価格での豊洲の土地購入に対して，処理費用を実質的に東京都が肩代わりしているという理由で，移転反対派市民は住民監査請求を行った。しかし，請求期間外として不受理とされている。その後，不当に高く土地を購入したことによって都に損害を与えたとして，都知事・東京都幹部らに対して損害賠償訴訟を起こしている。2006年に東京ガスから東京都が買収した10.18haは，新市場予定地敷地の27.27％に当たることから，技術会議が提示した汚染対策費586億円の27.27％である159億8,000万円の損害賠償を請求している。東京地裁は，原告敗訴の判決であった。住民監査請求を求めることができる期間を過ぎていたというのが，その理由である。

7.6　対立の焦点
　　　リスク評価に伴う不確実性とリスク受け入れの立場性

　以上，豊洲の新市場予定地の土壌汚染について処理・調査の実態，問題点について見てきた。2006年に汚染が知られるようになってから，新市場の着工まで8年を要している。なぜこれほどまで，移転をめぐる対立が長引いたのだろうか。

　東京都は当初，「リスクを適切に管理すれば問題は無く，ゼロリスクは無理」という立場をとってきた。他方，移転反対派はゼロリスクではない汚染の残る，

若しくは残る恐れが強い豊洲は，生鮮食料品を扱う市場用地としては不適切と考える。推進側の東京都からすれば，ゼロリスクを求める移転反対派は，土壌汚染の持つリスクに対して過剰な思い込みを持っているという認識である。専門家が計測した土壌汚染の実質リスクに基づき，移転の是非を判断すべきであり，実質リスクの受け入れを拒否する仲卸業者はいわば「素人」であり，彼らのリスク認知のバイアスが問題という考えである。その結果，「リスクコミュニケーション」という名の下の一方的な説明会と，説得的手法による安全宣言につながっていた。

　なぜ，こうしたリスク管理の手法が受け入れられなかったのだろうか。対立の背景には，主に2つの問題が存在している。第1に，東京都のリスク評価に伴う不確実性である。換言すると，東京都が提示する実質リスクが，本当に実質リスクなのかどうかという問題である。第2に，リスクを受け入れる際の立場性の違いである。

東京都のリスク評価に伴う不確実性
　東京都が提示する実質リスクは，本当に実質リスクを反映したものなのか，という問いに対しては，まず技術的な面からの疑義が提示されてきた。これまで東京都による豊洲の新市場予定地の土壌汚染調査には，有楽町層以下の調査をしない点，調査の確度が低く同一地点での汚染の検出にばらつきがある点，表土と地下水中間深度のみの調査にとどまる点，これらによって，地中の有害物質の見落としが懸念されてきた。

　こうした調査に基づき立てられた処理対策案は，東京都が提示する安全とされる目標リスクを達成できるかどうか，汚染土の清濁の区別が本当に可能なのか，地下水の環境基準以下への浄化が可能か，液状化が起こった際の有害物質の挙動の無考慮，といった問題が存在している。結局東京都は，土対法上の原状回復・ゼロリスクレベルの処理方法に切り替えている。

　こうした技術的問題点だけでなく，手続き上の問題点も大きく影を落としてきた。東京都が提示する実質リスクが，本当に実質リスクなのかどうかを，検証することができないという問題である。東京都による情報公開の不十分さ，

検証のための重要な物証であるボーリングコアの廃棄，調査・処理方法を検討する際の人選の問題，クロスチェックの無さについては，これまで述べてきたとおりである。事実，データの信憑性について疑義が出されている。ボーリング調査を請け負ったある業者は，「2008年4月4日地下水調査」と調査記録黒板に記したうえで，実際の作業を同年6月28日に行っている。専門家会議後の非公式な質疑応答で傍聴者から指摘されるまで，こうした実態を，専門家会議も東京都も把握していなかった（新市場予定地における土壌汚染対策等に関する専門家会議［2008c］p. 47）。

つまり，利害関係によって，不確実性をも含めたリスクに関する情報共有ができていなかったのである。

リスク受け入れと価値判断

専門家会議は，日本の土壌汚染処理において，初めて正面からリスク管理という手法を提示した。上記の技術的問題点はさておき，専門家会議は，土壌汚染が人間の健康に与えるリスクを定量化し，目標リスクに基づき処理方法を組み立てた。これは日本初の試みとして一定の積極的意義を持つ。専門家会議は，10万人に1人という発ガンリスクを目標リスクに設定し，処理対策を行うことにより，生鮮食料品を扱ううえでの「食の安心・安全」を担保したと宣言した。確かに処理方法を選択する際に，こうしたリスクの定量化を伴った情報の提示は有益である。

だが，この定量化された数値をもって，リスクの受け入れを迫るという東京都の姿勢は，問題がある。なぜなら，専門家会議が提示した10万人に1人の発ガンを無視可能な数値として設定すること自体が，1つの価値観に基づいた選択だからである。さらに，ある1つの価値観に基づいた選択を，市場にかかわる人々に強制的に適用するというのは，自己決定権の観点から問題がある。多くの仲卸業者は，なぜ自分たちが，リスクが懸念される場所へと，わざわざ移転させられなければならないのか，と考えてきた。

築地市場が鮮魚市場として世界的なブランドとなってから久しい。築地市場は，優れた目利きを持ち，高度に選別化された仲卸が良質の魚を選ぶところに

大きな特徴がある。たとえ10万人に1人の発ガンリスクではあっても，それを許さないことによってブランド力を維持し，市場や消費者もまた築地をブランドとして評価する。築地と名がつくだけで高値で取引されるのである。それは，築地市場経由の魚介類の安全性に対する消費者の主観的な価格評価としても表れているのである。築地で60年以上マグロ専門仲卸を営む野末誠は次のように言う。「シアンが生鮮食品に付着しても，基準の1/10だから安全といえるのか。青酸カリ（シアン化合物）が付着して世界一のマグロといえるのか」これが多くの仲卸業者の声であろう。また日本の魚食文化の象徴として，鮮度・安全性に妥協を許さない築地の姿勢が，移転反対世論を形成しているのである。

従って，リスクの受け入れの際に問題になるのは，リスクの大小だけではない。リスクの有無と質，これらをめぐる立場性を含んだ問題なのである。だからこそ東京都は，リスク管理を捨てて，土対法上のゼロリスクレベルの処理を行わざるをえなかったのである。とはいえ，この処理が本当のゼロリスクかどうか，依然として疑義は残っている。

7.7　求められるリスクコミュニケーション

豊洲新市場予定地における土壌汚染問題は，築地市場の移転の是非を含めて，多くのマンパワーが支出された。そして東京都の姿勢も変わってきた。これまでの調査方法，処理水準の紆余曲折を見ると，東京都は利害関係者の参画において，最初からボタンのかけ違いをしていたといえる。リスクコミュニケーションの在り方を取り違えていたのである。

ゼロリスクではない状態，不確実性が残る状態を受け入れる際，そのリスク・不確実性を，特定の社会的属性を持った人々が受け入れることにつながる。豊洲新市場予定地の場合，最も関連が深いのは，築地市場で生業を持つ人々，消費者，そして生産者である。こうした利害関係者が，リスク・不確実性を受け入れるか否かの決定に参画できなければならない。また，リスク評価には価値判断が伴うがゆえに，利害関係者での合議はより一層重要である。以下に，

豊洲新市場予定地への移転をめぐるリスクコミュニケーションにおいて，何が必要だったのか，これから何が必要なのか，準則を示したい。

　第1に，情報の開示と，利害関係者による共有である。当初は，種々の基礎的なデータすら公開されておらず，時間をかけて情報公開請求をしなければアクセスできなかった。汚染の性状にかかわるデータ，リスクの帰属，震災時などの不確実性の領域についても，初期から情報公開すべきである。この点で，不透水層より下の汚染について調査をしなかったのは，依然として残る大きな問題である。

　第2に，データの検証とクロスチェックである。リスク評価がリスク評価たりえることを明らかにするには，他者による検証しか手段はない。よって移転反対派ではあっても，分析結果を検証するために，第1次資料・ボーリング試料へのアクセス，汚染現場への立ち入り調査を認めるべきである。事実，新たな汚染は，外部の研究者からの指摘がきっかけとなって明らかとなってきた。

　第3に，異なる立場の研究者の議論への参加である。クロスチェックを行うにしても，移転反対派の仲卸業者が，ボーリングの柱状図を読み解くというのは難しい。よって，移転反対派が推す専門家が議論に参加し，適宜議論の内容をかみ砕いて利害関係者に説明することが必要である。本問題では，仲卸業者が外部の研究者を，いわば引っぱってきた。これら作業を制度的に保証することによって，利害関係者の交渉力を確保する。またそれは，取引費用の低減につながる。

　第4に，代替案の提示である。リスクの受け入れには価値判断が大きく伴う。よって，異なる価値観に基づいた代替案の提示がなされ，合議にかけられるべきである。リスク評価にも一定の価値観が介在せざるをえないことから，研究者ではあっても下す判断は異なる可能性がある。その際，リスクの定量化と費用効果分析が有益なツールとなろう。例えば，専門家会議では，新市場予定地の有害物質ベンゼンを放置した場合，危険側に見積もって9.2×10^{-4}，つまり1万人に9.2人の発ガンリスクが発生するとされた。これに対して目標リスクを10万人に1人の発ガンリスクに設定し，処理方法を組み立てた。これに基づくと，処理によって1万人当たり9.1人の発ガンが回避されることにな

る。中央卸売市場に恒常的に出入りする利用者を5万人と考えると，新市場予定地の処理によって45.5人の発ガンリスクが回避されたことになる。専門家会議の処理方法による費用は，973億円と見積もられている。とすれば，一人当たりの発ガン回避に，21億3,846万円支出されることになる。こうした計測を，ゼロリスク対策の代替案の場合も含めて行うべきである。

第5に，利害関係者による合議である。以上のような情報共有，異なる価値観に基づくリスク評価，交渉力の保証があって，初めて利害関係者による合議，リスクコミュニケーションが始まるのである[2]。不透水層の下部の汚染への対処も含めたゼロリスクを含めた場合の処理費用の提示があって，なおかつゼロリスクを求める声が多い場合には，市場の移転自体が経済的に見合わないということになろう。

第6に，決定責任の明確化である。不確実性に伴う被害が，万が一発生した際に誰がどのようにその責任をとるのか。こうした問いに答えを求める多くの人が，実際に存在しているのである。東京都に豊洲新市場予定地の安全宣言を求める仲卸業者の声は，その1つである。

これまでの築地市場移転に関連した議論の経過を見ると，非常に不十分ではあるが，利害関係者と東京都の間で，会議での質問・公開質問状・訴訟など多様な局面で合議が行われてきた。それは，築地市場の仲卸業者による運動が

---

[2] 専門家会議座長である平田健正は，専門家会議後の傍聴者との質疑で以下のように述べている。「私たち，提言はするのですけれども，その提言を受けた後に事業者がその内容について関係各位とコミュニケーションをする，特に築地の関係者の方とコミュニケーションをしていく。それが筋だと思うのです。何か専門家会議で全て決定されるようなイメージがございますが，決してそうではなくて，私たちは議論をするうえでのデータづくりをする，そういう意味でございます（豊洲新市場予定地における土壌汚染対策等に関する専門家会議［2008b］p.2）。」また，専門家会議委員である内山巖も以下のように述べている。「コンパラティブ，比較リスクをやらなければいけないとなると，今これがなかなかお答えしにくいのは，この会議の目的が移転ありきではないので，もとのところとの比較というのはできませんよね。そこをリスクコミュニケーションのためのこれを出そうとすると，どうしても今度は，今現在あるところでとらえた場合，あるいは今現在のリスクはどのぐらいあるかというところまで踏み込んでやらないと，やはり片手落ちだろうと思います。（豊洲新市場予定地における土壌汚染対策等に関する専門家会議［2008c］pp.58-59）」だが，専門家会議はその後解散し，リスクコミュニケーションは行われていない。

あってのものであった。彼らは一定の交渉力を持ち，研究者によるバックアップを受け，世論もまた運動に注目した。その中で，東京都による調査・処理の不備が明らかになり，東京都は再調査せざるをえなくなり，これまで見落とされてきた汚染が一定明らかになった。そして処理水準は上乗せされた。

　こうした経緯からすれば，リスクコミュニケーションが適切に行われるならば，実質的に処理水準が向上すると考えられる。リスク評価だけでなく，不確実性に関する情報の共有は，予防原則の余地が拡大する方向に働くであろう。自分にいわれのないリスクを負担する義務はないし，また，させる権利もない。リスクコミュニケーションは，処理水準を原状回復に近づける手段として機能する可能性を持っている。

おわりに

　本章では，豊洲の新市場予定地の土壌汚染に限定して論じたが，築地市場移転の推進には，経済界からの強い圧力が働いている。それが土壌汚染対策における東京都の性急な姿勢に結びついてきた。

　第1に，築地市場の跡地をめぐる巨大開発である。築地市場は銀座から徒歩圏内であり，23haの土地価格は公示価格でも4,000億円を超える。開発資本にとって，都心に残された最後の開発地域である。当初，石原慎太郎東京都知事は2016年東京オリンピック誘致を目指し，臨海部の再開発と併せた築地市場の移転を提唱していた。築地市場跡地は，オリンピックのメディアセンターを整備する予定であった。しかし，2016年のオリンピック誘致は失敗した。だが，東京都は再開発の姿勢を崩していない。オフィス・住宅・商業施設用地としての再開発が構想されている。

　第2に，水産物の流通における魚市場の位置の変化である。現在，築地市場には卸業者7社と，仲卸業者815社が存在する（どちらも水産）。そして毎日約5万人が出入りしている。近年，大手スーパーの鮮魚扱い量が増え，いわば魚市場・仲卸業者を経由しない取引が増大している。大手スーパー・卸業者は，輸送に簡便な立地を希望している。大手スーパーと仲卸業者は，セリ制度の下，一部競争関係にある。豊洲新市場には，豊洲と同数の仲卸店舗用地が

用意されておらず，仲卸業者の淘汰・選別が進むであろう（三国［2009］）。

　築地市場の移転問題は，土壌汚染の観点だけでなく，上記の街づくりや水産物の流通の観点からも取り上げるべき問題である。移転反対派の市民は，移転により築地独特の魅力が失われることへの危惧を抱いている。築地市場は都心部の賑わいの中に存在している。場内だけでなく，場外市場，周辺の寿司屋，街の魚屋などを含めたクラスターを形成している（Bestor［2004］）。70年を超える歴史を持つ世界最大の魚市場は，まさに人の集う「市（いち）」である。土壌汚染の観点からだけでなく，幅広い観点からの移転論議が必要であり，その1つが土壌汚染にかかわるリスクコミュニケーションなのである。

第8章 改正土壌汚染対策法の批判的検討

　2009年7月に，改正土壌汚染対策法（以下，「改正土対法」）が国会で成立し，2010年4月に施行された。これによって市街地における土壌汚染の調査・対策ルールが一定変更された。旧土壌汚染対策法（以下，「旧土対法」）は2003年2月に施行されたが，成立当初から多くの欠陥が指摘されてきた（畑[2004]）。旧法制定時には「施行10年以内の再検討」が付帯決議されていた。また，大阪アメニティパーク（OAP）の土壌汚染（畑[2004]）や，東京・築地市場の移転予定地である東京ガス豊洲工場跡地における土壌汚染などが発覚したこともあり（第7章参照），2008年から本法の改正論議に弾みがついた。

　今回の改正は多岐にわたるが，大きなポイントは，①調査対象の拡大，②汚染地の区分け，③汚染原因者への求償分の限定の3点に集約できる。本章ではこの3点に絞って，今後，土壌汚染の適切な対策が進むのかどうか，改正土対法の内容を検討する。1節では，改正の背景となった，旧土対法の制度設計とその下での土壌汚染の調査・対策の実態について述べる。2節では，改正論議で影響力を持つ中央環境審議会の，旧土対法の実態への認識を記す。3節では，①②③の点に絞った改正法の内容を述べ，4節でその批判的検討を行う。

8.1　旧土壌汚染対策法

　2002年5月に制定された旧土対法は，制定当初から主に2点の問題が指摘されてきた。狭い調査対象範囲と最低限の対策内容しか課していない点である。この点については，第5章5.1・5.2で詳しく触れたので，要点のみ記す。

旧土壌汚染対策法の下での調査対象範囲

　汚染調査は，次の場合に義務づけられていた。①有害物質使用特定施設の使

用廃止時である（旧土対法3条）。よって，工場・事業場自体が閉鎖されたとしても，宅地などに用途転換しない場合には，汚染調査義務は課されない。また，旧法の施行前に用途転換された土地に対しては，汚染調査義務は課されなかった。②人が立ち入る場合である（旧土対法4条・旧土対法施行令3条）。たとえ汚染の疑いがあったとしても，外部者が立ち入ることのできない土地であれば，調査対象とされない。つまり，所有者が自身の汚染地をフェンスで囲めば，調査対象とされない。③飲用に供する地下水が汚染された場合である（旧土対法4条・旧土対法施行令3条・旧土対法施行規則17条）。裏を返せば，地下水が汚染されていたとしても，それが飲用に使われるのでなければ，調査は課されない。

　こうして旧土対法では，多くの調査猶予が定められていた。法施行の2003年2月から2009年3月までの約6年間のうち，有害物質使用特定施設の廃止が5,212件あったのに対して，4,201件に調査猶予が出されている。旧法での調査義務の適用を避けるため，有害物質使用特定施設の廃止に踏み切れない事業場も数多くあると予想される。旧土対法における調査の適用を受けた土壌汚染は，氷山の一角にすぎない。

最低限の対策内容
　土壌汚染の処理方法は，盛土・舗装といった簡便なものから，掘削除去まで多様であることをこれまで見てきた。旧土対法においては，簡便な対策方法である覆土・舗装を認めている（旧法施行規則27条）。また，汚染地を立ち入り禁止にすれば，対策しなくてよいものとなっている（旧法施行規則12条・27条）。旧法は，最低限の対策しか課していない。

旧土壌汚染対策法の施行実態
　旧土対法の下での調査対象範囲は非常に狭い。この間の土壌汚染調査の多くは，旧法の対象外で行われてきた。2008年度には全国で1,365件の土壌汚染調査があったが，そのうち旧土対法に基づくものは239件にすぎず，1,126件のサイトが旧土対法以外による調査であった（環境省　水・大気環境局［2010a］）。

狭い調査対象範囲を超える形で，各地で土壌調査が行われているのである。

　各自治体の条例と旧土対法が併存することによって，土壌汚染の現場に混乱が生じる場合があった。そのひとつが，築地市場の移転予定地である豊洲地区の土壌汚染である。豊洲地区にかつて存在した汚染源の東京ガスの都市ガス製造工場は，土対法が施行された 2003 年以前の 1974 年に既に操業を止めていたからである。また，都市部のために飲用の地下水はない。同地区の汚染は，環境確保条例における 3,000 ㎡ 以上の土地改変時の調査から発覚したものであった。豊洲地区は旧土対法の枠組みから外れていたのだが，築地市場の移転問題が政治上の争点にもなる中，同地区汚染の調査・対策をめぐって議論となった。旧土対法が，東京都環境確保条例の基準か，いずれに基づいて進めていくのかということである。豊洲地区は，生鮮食料品を扱う市場に不適切だという世論に配慮する形で，結局，東京都は「豊洲新市場予定地における土壌汚染対策等に関する専門家会議」を設立し，調査・対策方法の再検討を行わざるをえなくなった（第 7 章参照）。

　旧土対法の下では，有害物質による土壌汚染が発覚した汚染地に対して，相対的に簡便な対策である覆土・舗装が推奨されていた（環境省・（財）日本環境協会 [2005]）。しかし実態は，多くの汚染地で掘削除去が採用されている。2008 年度に土壌汚染が判明した 697 件のうち，対策方法が決まっているサイトは 497 件である。そのうち，掘削除去が採用されたサイトは 375 件にのぼる。高額な費用はかかるが，原状回復に近い対策である掘削除去や原位置浄化が多くのサイトで採用されている（環境省 水・大気環境局 [2010a]）。

8.2　中央環境審議会答申と土壌環境施策に関するあり方懇談会

　第 5 章で述べてきたように，旧土対法による規定と想定は，その運用実態とかけ離れたものであった。こうした事態に応じて，環境省内ではどのように問題を認識したのだろうか。「中央環境審議会 [2008] 今後の土壌汚染対策の在り方について（答申）」と，それに先立って開かれた「土壌環境施策に関す

るあり方懇談会（以下，あり方懇談会）」の議事録を見てみよう[1]。あり方懇談会は，2007年6月～2008年3月まで計8回行われ，市街地土壌汚染に関わる産業界・学術関係者が議論を交わしている。特に意見の相違が見られた論点について取り上げる。

中央環境審議会答申

　まず，答申を見てみよう。ここでは主に3点が「現状と課題」として示されている（中央環境審議会［2008］pp. 2-4）。

　第1は，「土壌汚染対策法に基づかない土壌汚染の発見の増加」である。その実態については，先に述べたとおりである。こうした旧土対法に基づかない調査には，主に事業者による自主的な調査と，都道府県や市の条例に基づく調査がある。事業者による自主的な調査によって発覚した土壌汚染に関する情報が開示され，適切な管理・対策がなされるべきとしている。これら対策などへの対応が，条例の有無・差異によって都道府県等によって異なることも指摘されている。

　第2は，「サイトごとの汚染状況に応じた合理的な対策」が必要という認識である。旧土対法の緩い対策基準を超える形で，多くのサイトにおいて掘削除去が採用されている。こうした状況に対して，「最近の土壌汚染対策の傾向としては，健康被害が生ずる恐れの有無にかかわらず掘削除去が選択されている」とし，「不合理」としている。さらに，「掘削除去は，汚染された土壌の所在を不明にする恐れがあるとともに，搬出に伴い汚染を拡散させる恐れ」があるとしている。そのうえで「汚染の程度や健康被害の恐れの有無に応じて合理的で適切な対策が実施されるよう」，「環境リスクに応じた合理的な対策」が必要だとしている。合理的な対策を行うことにより，ブラウンフィールド問題（塩漬け汚染地）の解消にも寄与できると指摘している。

　第3は，「掘削除去に伴う搬出汚染土壌の適正な処理」である。「掘削除去

1）　中央環境審議会土壌農薬部会では，第21回・第23回・第24回・第25回・第26回にわたって土対法が審議・報告事項に挙がっている。但し，主だった議論は旧土対法の省察が主である。それぞれの議事録を参照した。

は，良質な埋め戻し材を必要とし，搬出された汚染土壌は，処分場や浄化施設等の適切な処分を行う施設を必要とし，汚染土壌が不適切に処理または投棄されれば，搬出先の環境に負荷を与える要因となる」と指摘している。こうした掘削除去後の課題に対して，適正な処理基準や是正勧告を規定すべきとしている。

「土壌環境施策に関するあり方懇談会」での議論

あり方懇談会では，主に以下の論点が出された。処理水準の在り方，生態系を含めた土壌環境の保全・地下水汚染の防止，土壌調査の結果公表，基金制度の拡充，である。

第1に，処理水準の在り方である。現在の市街地土壌汚染処理が，掘削除去に偏重しており，効率性を失しているという点では，委員の見解は一致している。この中で，日本全国で同一の基準で処理水準を設定するのは誤りであり，上乗せの処理水準は各自治体で行うべきとの意見があった[2]。こうした議論に対して，土壌汚染は環境基本法に定められた公害の1つで，健康問題であり，全国的な対応が求められているという意見があった[3]。汚染地毎のリスクアセスメントの手法については，環境省が今後も検討を進めるとした（土壌環境施策に関するあり方懇談会（第6回）議事録［2009］p.33）。

第2に，生態系を含めた土壌環境の保全・地下水汚染の防止である。旧土対法は「人の健康に係る被害（後述）」の防止のみを念頭に置いている。それに対して，土壌生態系の保全と，現在は飲用されていない地下水のさらなる汚

---

2) 鉄鋼連盟の正保剛は「自治体毎によって，その必要性があると思われるところは把握率を上げるための，条例などを定められているというふうに考えれば，逆に一律に法律で全面的にその把握率を上げないといけないという議論というのは，必要ないのでは（土壌環境施策に関するあり方懇談会（第7回）議事録［2009］p.14）」と述べている。また，経団連の奥村彰は，「北海道から沖縄まで，東京都と同じようなルールが要るのかと。人口密集地もあれば，過疎で困っているところもあると。従って，現在ある条例は，それぞれの地域に応じてでき上がってきたものだというふうに理解しております。従って，もし一律ということなら，そのナショナルミニマムとでも申しましょうか，そういうようなものしか考えられないのではないかなというのが私の考えです（同上 p.33）。」と述べている。
3) 大塚直・高橋滋の意見である（土壌環境施策に関するあり方懇談会（第8回）議事録［2009］p.19）。

染の防止が提案された（同上 p. 7, p. 24）。他方，経済界は反対している。結局，これらの提案は先送りされた。

　第3に，土壌調査の結果公表である。旧土対法の下では，法に基づかない調査が多かった。こうした法枠外調査を含めて土壌調査結果の公表の在り方が議論となった。多くの委員からは，調査機関の水準向上と，調査結果の公表の統一したルールづくりが提案された。それに対して，経団連の委員は，「もめ事のトリガーになる（同上 p. 27）」，「土地取引の際には，十分，民法でカバーできている（土壌環境施策に関するあり方懇談会（第5回）議事録［2008］p. 18）」として，旧土対法枠外にあった調査結果の公表そのものに反対している。

　第4に，基金制度の拡充である。経団連の委員は，土地取引に絡んで私有財産である土地に援助するというのは間違いとして，基金制度そのものに反対している（同上 p. 31）。他方で，中小・零細業者による汚染地や，過去の規制前の土壌汚染行為への配慮から，基金の拡充を求める委員の声があった（同上 p. 33）。長期的な観点での地下水浄化の必要性から，基金の財源論にまで踏み込み，化学物質製造企業，使用企業に対して費用負担を求めていくという提案もあった（土壌環境施策に関するあり方懇談会（第6回）議事録［2009］p. 24）。

　第5に，封じ込め処理地の扱いである。経団連の委員は，汚染サイトによっては封じ込め処理で十分であり，それをもって法的な汚染地域指定の解除を求めた[4]。これに対しては，企業会計上問題があるとして反対の声が出た。国際会計基準として，アスベストや土壌汚染を，将来要する費用として資産除去債務として計上する動きがあるという指摘があった（土壌環境施策に関するあり方懇談会（第7回）議事録［2009］p. 29）。また，不動産鑑定士からは，封じ込め処理地の価格づけ自体が，ごく少数しか行われていないと指摘された（同上 p. 40）。

---

[4] 経団連の奥村彰は「一たんこの指定区域に，あるいは，ある種の汚染があるということになったら，掘削除去以外に指定区域から外れるということがない〜（中略）〜従って，土地の利用形態に何とか合わせて，卒業基準とでもいいますか，足を洗う基準とでもいいますか，こういったのも検討が必要ではないかというふうに考えております（土壌環境施策に関するあり方懇談会（第4回）議事録［2008］ppp. 6-7）。」と述べている。

8.3 改正土壌汚染対策法

2009年7月に改正土対法が成立した。その目玉は主に3つある。調査対象の拡大と，汚染地の区分け，そして汚染原因者への求償分の限定である。改正土対法施行令，施行規則を併せて見ながら述べていく。

調査対象の拡大：3,000㎡以上の土地形質変更時の届出義務
改正土対法では，一定以上の面積の土地の形質変更時に，形質変更を行う者が，都道府県知事に届出をすることが義務づけられた（改正土対法4条）。「一定以上の面積」とは，3,000㎡以上を指す（改正土対法施行規則22条）。また，「形質変更」とは，農業・鉱業以外で，50cm以上の土壌掘削，掘削土壌の敷地外への搬出などを行うことである（改正土対法施行規則25条）。届出を受けた都道府県知事は，土地の使用状況などにより汚染の恐れの有無を判断する。汚染の恐れがある場合は，都道府県知事は，土地所有者等に対して，土壌調査の資格を持つ指定調査機関による土地履歴調査を行うよう命じることができる。ただし，形質変更時の届出内容では，都道府県知事が地歴調査を命ずる根拠となる土地の履歴をどれだけ把握できるかは，定かではない。

これは旧土対法に比すると，調査対象の拡大に結びつくと考えられる。環境省の調査によると，土壌汚染の存在が予想される土地の面積は約9.89万haである。また，全国の工場・倉庫用地の約35％で土壌汚染が発生すると推定している（土壌汚染をめぐるブラウンフィールド対策手法検討調査検討会[2008]）。この改正によって，こうした潜在的な汚染地に対して一定の調査のメスが入ると予想される。

その他，公園・公共施設・学校・卸売市場といった公共施設の設置者に対する汚染調査，法枠外の自主的な汚染調査結果の情報の収集と積み上げを，努力義務として都道府県知事に課している（改正土対法61条）。なお，公共施設の設置者に対する汚染調査は，築地市場の移転予定地である豊洲の土壌汚染を契機として導入されたものである。

土壌汚染地の区分

〈要措置区域と形質変更時要届出区域〉

　土壌汚染が発覚した土地に対して，改正土対法では形質変更時要届出区域と要措置区域という新たなカテゴリー分けを行った。要措置区域とは，土壌汚染が発覚した際に，地中の有害物質に対して何らかの対策をしなければならない土地である（改正土対法6条）。この規定は，旧土対法と変わらない。要措置区域の要件は，①環境基準を上回る土壌汚染があること，②「人の健康に係る被害」が生じ，または生ずる恐れがあること，の2つの要件を満たす土地である。

　他方，形質変更時要届出区域とは，上の区分けで①に該当するが，②に該当しない土地である（改正土対法11条）。つまり，土壌汚染は存在するが，「人の健康に係る被害」がない土地である。こうした土地は，土地の形質変更時に都道府県知事への届出が義務づけられた。形質変更時要届出区域には，地中の有害物質への対策は課されておらず，土壌汚染の履歴・情報の積み上げがなされるのみである。

〈「人の健康に係る被害」の内容〉

　土壌汚染が発覚した際，「人の健康に係る被害」の有無によって，対策の義務づけいかんが左右される。「人の健康に係る被害」の基準は，「人の立ち入り」，「飲用地下水の汚染」の2つがポイントである。

　改正土対法施行令5条では，要措置区域の基準として以下の2つを規定している。第1に，土壌汚染が存在し，かつ「当該土地またはその周辺の土地にある地下水の利用状況その他の状況が同号イ（改正土対法施行令3条1項イ）の環境省令で定める要件に該当する」場合である。「地下水の利用状況」については，改正土対法施行規則30条に定められている。汚染地下水の流動状況から判断して，飲用に使われる水源・地下水が汚染されている場合に，「人の健康に係る被害」があるとされ，要措置区域として指定される。第2は，土壌汚染が存在し，かつ当該土地に人が立ち入ることができる場合である。

　「人の健康に係る被害」の規定をまとめると，図8.1のようになる。何らかの対策が義務づけられる要措置区域の指定要件は，①当該汚染によって汚染地下

図8.1 要措置区域と形質変更時要届出区域

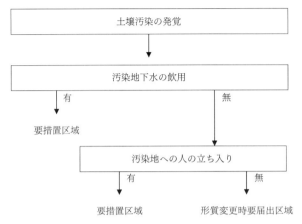

出所：筆者作成

水があり，それが飲用に使われている場合，②当該土地に人が立ち入ることができる場合，の2つである。逆に言えば，上水道が整備された土地では地下水汚染があっても，要措置区域には指定されない。また，土壌汚染が発覚したとしても，土地所有者がフェンスなどで囲って立ち入り禁止にすれば，要措置区域には指定されない。これらの汚染地は形質変更時要届出区域となる。

〈処理に関する規定〉

では，要措置区域に指定された場合の措置の内容を見てみよう。改正土対法7条では，要措置区域に指定された場合，都道府県知事が当該区域の土地所有者に対して「汚染の除去等の措置」を指示するよう定められている。また，汚染原因者が明らかな場合には，汚染原因者に対策を課すと定めている。

「汚染の除去等の措置」については，改正土対法施行規則の別表第5及び6に，土地の汚染の状況に応じて対策手法が列挙されている。飲用に使う地下水汚染があった場合には，基本的に遮水封じ込めを，「汚染の除去等の措置」として認めている。地下水汚染が生じているが，当該地下水が飲用に使われていない場合には，地下水の水質測定を課している。土壌汚染が存在し，人が立ち入れる場合には，土壌の入れ替え（天地換え）・舗装・立ち入り禁止などを課

している。なお，掘削除去や原位置浄化などの原状回復に近い処理方法も上乗せ対策として認めている。

汚染原因者への求償分の限定

　土地所有者が土壌汚染の対策を行い，汚染原因者が後に明らかになった際に，土地所有者は汚染原因者へ求償することができる。この点に関しても改正があった。改正土対法 8 条 1 項では，「土地の所有者は，当該土地において指示措置等を講じた場合において，……その行為（汚染行為）をした者に対し，当該指示措置等に要した費用について，・指・示・措・置・に・要・す・る・費・用・の・額・の・限・度・に・お・い・て，請求することができる（括弧・傍点は筆者）」と規定されている。この傍点部分が新たに加えられた。

　指示措置には，舗装・盛土・遮水壁などの原位置での封じ込め対策が含まれる。そのため土地所有者は，後に明らかになった汚染行為者に対して，原状回復に程遠い処理費用分しか請求することができない恐れがある。

8.4　改正土壌汚染対策法の批判的検討

調査対象範囲は拡大するが処理の具体的裏付けは進まず

　今回の改正においては，旧土対法枠外での土壌汚染の顕在化に対応する形で，3,000㎡以上の土地形質変更時に届出を義務づけたことと，自主的調査の報告を求めたことは，一定の評価ができる。しかし，顕在化した土壌汚染の対策に関しては，有効な手立てが講じられていない。

　改正土対法における調査対象範囲の拡大のために，旧土対法に比して多くの土壌汚染が顕在化するであろう。その際，特に低地価地域において，土壌汚染は発覚したものの対策は進まないというケースが多発することが予想される。旧土対法においては，汚染の可能性が濃厚であるにもかかわらず，対策や用途転換の見込みのない潜在的汚染地に対しては，狭い調査義務範囲のために放置することができた。しかし今回の改正土対法によって，こうした潜在的な汚染地に調査のメスが入ることになる。ただし，法に基づき具体的対策が課される

要措置区域は，飲用に使われる地下水の汚染があるか，人が立ち入ることができる区域である場合に限定される。これによって，土壌汚染が顕在化したとしても，改正土対法の下では多くの汚染地が形質変更時要届出区域となり，汚染情報の履歴が登録されるのみで，具体的な汚染対策は課されない。

改正土対法では，要措置区域となった場合の対策基準について，「人の健康に係る被害」の防止という観点から，舗装・覆土・遮水壁などの封じ込め対策が含まれる。これらはいわば最低限の対策基準である。処理水準をめぐっては，政治的争点ともなった豊洲地区を始めとして，各地で紛争の元となっている。現在，汚染地の中でも地価の高い東京都区部をはじめとして，掘削除去といった原状回復に近い対策を，事業者が自発的に採用している。こうした処理水準をめぐる社会的紛争に対して，改正土対法は有効な手立てを持っていない。

汚染者負担原則（PPP）の形骸化

処理水準と関連し，汚染者負担原則（PPP）の形骸化につながる恐れがある。第1に，「捨て得」の可能性である。PPPのねらいのひとつに，後にストック汚染の膨大な対策費用を負担するくらいならば，汚染防止に費用をかけさせるという目的がある（都留［1973］）。これには後に課される処理費用の大きさがポイントとなる。その際，原状回復を求めるような高額な費用，若しくは，改正土対法にある原位置封じ込め対策の費用を課すのかということが問題となる。低地価地域で後者が選択された場合には，いわば「捨て得」になり，新たな土壌汚染が引き起こされる可能性がある。形質変更時要届出区域は処理義務が課されないので，一層その懸念が高まる。

第2に，土地所有者による処理費用の潜在的裏負担である。改正土対法が指示措置として規定しているのは，舗装・盛土・遮水壁などの原位置封じ込め処理である。後に汚染が発覚し，所有者が既に変わっている場合，原位置封じ込め処理分しか汚染者に求償することができない恐れがある。つまり，汚染者負担分がケタ違いに変わってくるのである。特に，行政がこうした潜在的裏負担を被るケースが想定される。

これまでも原位置封じ込め処理された土地を，行政が汚染を考慮しない価格

で買い取る場合があった。第4章で見た東京都6価クロム事件では，最終的に高濃度の6価クロム鉱さいが埋め立てられた土地を，東京都が汚染を考慮しない価格で購入している。また，汚染の残存が懸念される築地市場移転予定地の豊洲でも，汚染を一部しか考慮しない価格での買い取りが進んでいる。その後，東京都がばく大な追加処理の費用を負担している（第7章）。また，こうした行政による価格付けが，民間土地市場や民事損害賠償の場合にどこまで適用されるのかについては，改正土対法の施行実態を，注視しなければならない。

財源調達の制度設計がない

処理の具体的裏付けを持たない改正となった要因のひとつは，改正土対法が膨大な汚染地の処理に対する財源調達の制度設計を避けていることであろう。あり方懇談会でも基金の拡充について若干の提案があったが，見送られた。特に，今日課題となるのは，産業空洞化の進む地方の工業地帯の土壌汚染である。高地価地域では，事業者が開発利益を求めて自発的に土壌汚染の処理を行うが，低地価地域では用途転換も進まず，塩漬けになる汚染地が放置されるであろう。

土壌汚染をめぐるブラウンフィールド対策手法検討調査検討会［2008］では，ブラウンフィールドの試算をしており，掘削除去などの原状回復に近い処理を行った場合，全国の土壌汚染対策費は16.9兆円，ブラウンフィールドにおける土壌汚染対策には，4.2兆円の費用を要すると試算している。一応，旧法においては，資力が乏しく汚染原因者ではない汚染の除去主体に対する資金援助のための基金がある。産業界からの寄付と国庫支出からなる基金だが，その規模は約14億円にとどまる。全国の土壌汚染問題に対応するには，あまりにも少額である。今後，処理費用の財源調達のための費用負担制度の抜本的な見直しが必要である。

おわりに

今回の法改正の内容を全体として見ると，調査対象範囲の拡大がなされた結果，顕在化する汚染地の増加に対応するため，形質変更時要届出区域・「人の

健康に係る被害」の規定により，汚染に手をつけないサイトに対して法的な位置づけを与えようというものである。

あり方懇談会では，処理水準の在り方，生態系を含めた土壌環境の保全・地下水汚染の防止，土壌調査の結果公表，基金制度の拡充等が論点となったが，土壌調査の結果公表のみが取り入れたに過ぎない。これまで旧土対法の枠外で行われてきた自主的な土壌汚染の調査と，封じ込め汚染地の情報を積み上げるという，不動産取引上の要請が取り入れられたのが，改正法の中身と言えよう。

中央環境審議会・あり方懇談会では，掘削除去などの原状回復に近い対策は，費用がかかりすぎて不合理だという主張があった。その根底にはリスク評価論の発想があり，その単純適用によってゼロリスクを否定するものである。予算制約の条件の下，効率性の観点から一定の根拠を持つが，土壌汚染対策に単純適用する場合，種々の課題を持つ。

形質変更時要届出区域においては，地下水の飲用，または人の立ち入りがなければ，汚染の放置が容認される。つまりゼロリスクではない。たとえ低いとしても一定のリスクが存在し，その受け手が存在する。そのリスクの受け手は社会的・地域的な偏りが出るであろう。土壌汚染の場合，産業空洞化の進む工業地帯であり，地価の低いブラウンフィールド付近の住民に，リスクの受け手が偏ることになる。地価の低い地域において原位置封じ込め処理や汚染の放置が法的に認められる一方で，都市部においては今後も事業者によって自発的に掘削除去などの原状回復に近いゼロリスク対策が行われるであろう。だが今回の法改正では，こうしたリスク負担の公平性の観点は看過されている。

本来，処理水準の設定において，土壌汚染によるリスクを潜在的に負担させられる主体の関与が必要である。不確実性を含んだリスクに関する情報の提示があり，そのうえで，当該リスクが地域社会にとって受け入れ可能か否かが，社会的な合意によって決定されるべきである。土壌汚染問題の現場では，処理内容をめぐって周辺住民を含んでの議論が往々にして起こり，リスクコミュニケーションが必要となる。こうしたリスク受け入れの手続きに関して，改正法では看過されている。あり方懇談会では，国法では最低限の条件整備のみで，人口の多い都市部では原状回復が勝手に進み，地方での処理は自治体毎の水準

に任せるという意見もあった（本章脚注2）。地方分権の名の下での環境政策の切り下げにつながる恐れがある。これをもって「ブラウンフィールド問題の解消」になりうるのだろうか。甚だ疑問である。

第9章　市街地土壌汚染問題の政治経済学

　第1章では土壌汚染問題の中での市街地土壌汚染の位置づけについて，第2・3章ではそれぞれ処理水準と費用負担に関する理論的考察を行った。そのうえで市街地土壌汚染処理の実態について，第4～7章で見てきた。そして第8章では改正土壌汚染対策法の検討を行った。日本における市街地土壌汚染が，どのような処理水準と費用負担で行われてきたのか，おおよその把握ができたと思う。本章では，各ケースで見たファクトを改めて振り返ったうえで，論点毎に考察をしよう。そのうえで，現在の日本の市街地土壌汚染対策制度の改革の方向を探ってみたい。

9.1　各ケースの諸特徴

東京都6価クロム事件：封じ込め処理の帰結（第4章）
　東京都6価クロム事件は，市街地土壌汚染の処理ルールが定められていない中での対策であった。1970年代は，廃棄物処理法などの未然防止に関する制度は整いつつあったが，既に汚染された市街地土壌汚染を，事後的に処理する制度が定められていなかった。
　こうした中，汚染地所有者による民事損害賠償による汚染者への求償が企図されたが，地権者が多数であり，交渉のための取引費用が膨大なために，断念された。当時の東京都は反公害の世論を背景に汚染者と交渉し，協定を結ぶ。処理費用は汚染者負担となったが，その処理方法は，鉱さいをまとめて封じ込めるものであり，原状回復からは程遠いものであった。そして，処理完了地を東京都が汚染を考慮しない価格で買い取っている。
　処理ルールが定められていない中ではあるが世論を背景に，ストック汚染にまで拡げてPPPを適用させた点では，その後の時代を先取りするものであっ

た。しかし，後の時代が示しているように，封じ込め処理であったため土地の転用の際に汚染が再び顕在化する。現在の社会状況からすれば，封じ込められた有害物質の原状回復が要請されたであろう。そして処理費用の負担が発生する。本ケースは問題の先送りであり，後世代への費用転嫁であった。また，汚染を考慮しない価格で東京都が買い取ったことにより，実質的には行政負担，納税者負担となっている。こうした売買を前提として，汚染者による不十分な処理がなされたといえる。また，6価クロム事件が世界的に見て市街地土壌汚染の先行ケースであったため，今日の市街地土壌汚染の顕在化を想起できなかったことも，封じ込めが採用された一因であろう。

現在，小松川工場跡地の集中処分場は東京都が所有する公園となっている。また，それ以外の私有の群小汚染地では，1,000ppm 未満の 6 価クロム汚染土が 200ヵ所以上にわたって封じ込められている。第 4・7 章で見たように，現行の土対法の下では，封じ込め処理をもって法的な処理水準を満たす（改正土対法 8 条 1 項）。また，土地所有者による原因者への求償は，処理費用を支出した土地所有者が汚染行為者である原因者を知った時から 3 年間とされている。また，処理から 20 年を経過した時にも，時効となる（改正土対法 8 条 2 項）[1]。しかし，汚染土の残る土地は売却が難しい。今後，封じ込めされた汚染地の原状回復につながる処理費用は，現在の封じ込め処理地の所有者が負担する恐れがある。

旧土対法と東京都 23 区における市街地土壌汚染の処理：日本型の土壌汚染処理（第 5 章）

東京都 6 価クロム事件の発覚からおよそ 30 年，日本の市街地土壌汚染の処理は様相を変えていた。2002 年には旧土壌汚染対策法（以下，旧土対法）が制定され，市街地土壌汚染の調査・処理ルールが一定，整備された。その特徴は，第 1 に，狭い調査義務範囲であり，潜在的な汚染地に調査のメスが入り

---

[1] 民法 724 条の不法行為責任では，不法行為の時から，つまり損害を受けた時から 20 年で時効となる。今後，民法の不法行為責任と，土対法の汚染者への請求との相互関係が問題となろう。

にくい点，第 2 に，汚染地の処理方法として，封じ込め処理，若しくは放置を認めている点である。

だが，旧土対法の想定を超える形で，東京都心部の市街地土壌汚染は処理されている。第 5 章では，東京都 23 区における 2001 年 10 月～2005 年 12 月末の間に行われた市街地土壌汚染調査及び汚染地の処理を集計し，東京都心部の調査及び処理の動向について把握した。東京都心部では全体として，高額な費用をかけた掘削除去などの原状回復に近い処理方法が採用されている。他方で，東京都 23 区内では，処理方法の選択に差を確認することができた。相対的に地価の高い区では処理費用のかかる掘削除去が採用され，低地価区では低廉な封じ込めの採用が多い。地価に基づく開発利益の差が，このような処理方法の違いを生み出していると考えられる。日本の土壌汚染対策制度は，健康リスクに基づいて処理方法が選択されるのではなく，開発利益に基づく市場評価型の対策制度である。

だが，市場評価型の対策制度の下では，低地価地域の汚染は放置される。改正土対法の下で汚染地に処理のメスが入るのは「人の健康に係る被害」に限定されるため，低地価地域の汚染は今後とも放置され，ブラウンフィールド問題が顕在化するであろう。

東京都北区五丁目団地におけるダイオキシン汚染：処理水準のギャップ（第 6 章）

第 6 章では，ダイオキシン類による市街地土壌汚染の 1 ケースとして，東京都北区豊島五丁目団地におけるダイオキシン類による汚染について見た。本ケースの特徴は，汚染の様態としては同一であるにもかかわらず，隣り合わせている土地で異なった処理方法が採用されている点である。

本ケースでは，人が居住している団地内に限って封じ込めが採用されている。これはリスク管理に則った措置であった。だが，団地内の封じ込めが一定受け入れられたのは，北区や都市再生機構による数多くの説明会，健康調査などのリスクコミュニケーションにつながる取り組みが行われたからであった。他方，団地外のほとんどの地所では，掘削除去が採用されている。ゼロリスクにしておかないと，買い手がつかないからである。土壌汚染の現場では，リスクの量

だけが問題ではなく，リスクの有無が問題となるのである。リスクの受け入れには一定の手続きが必要である。だからこそ，リスク受け入れの手続きを回避するために，団地外のディベロッパーは掘削除去によるゼロリスクを目指すのである。

費用負担については，ダイ特法に基づき汚染者への求償を行ったのは，北区のみであった。巨大独立行政法人である都市再生機構ですら，求償を行っていない[2]。交渉力の有無，取引費用の存在が，費用負担にかかわる行動の違いを生み出している。また，ダイ特法の個別的因果関係を求める汚染者への求償規定の厳しさもその一因である。その他の汚染地では，処理費用は土地所有者が負担している。法的には，汚染者への求償規定が存在するにもかかわらず，本ケースでは実質的に土地所有者責任となっている。

なお，団地内の封じ込め汚染土は，再開発の際に再び顕在化することになろう。北区は掘削除去による原状回復を，改めて日産化学等に求めていく姿勢である。他方，都市再生機構は方針が定まっていない。将来，汚染者に対してどこまで処理費用を求償できるかは未知数である。ダイ特法の費用負担について定めた公害防止事業費事業者負担法においては，時効については定められていない。

築地市場移転先予定の東京都豊洲における土壌汚染：求められるリスクコミュニケーション（第7章）

第7章では，東京都中央区の築地市場の移転予定地である江東区豊洲における土壌汚染について論じた。本ケースでは，移転反対運動と絡み，土壌汚染の処理水準にかかわる内容が，衆議にさらされることとなった。

当初の東京都（専門家会議）のリスク管理は，10万人に1人の発ガン発生は無視できるという特定の立場に基づいていた。他方，移転反対派はゼロリス

---

[2] 都市再生機構による推進項目の1つとして，工場跡地の再利用基盤の整備がある。工場跡地などの企業のリストラに伴う遊休地を取得し，整備した後に，民間のディベロッパーに売却するという経営方針がある（都市基盤整備公団史刊行事務局［2004］）。工場跡地の多くは土壌汚染地であろう。都市再生機構が，こうした全国の遊休地の取得に際して，土壌汚染をどのように扱っているのか，汚染者負担の観点から検討する必要がある。

クではない汚染の残る，若しくは残る恐れがある豊洲は，生鮮食料品を扱う市場用地としては不適切という立場である。こうした対立の背景として，リスク評価に伴う不確実性と，リスク受け入れの立場性の違いが存在した。

　その後，移転反対派からの外からの指摘・交渉を経て，リスク管理から土対法上の原状回復にまで，処理水準が上昇している（あくまで土対法上の原状回復であって，調査の粗さによる一部汚染の取り残しが，今も懸念されている）。結局，汚染の残る魚市場は，利害関係者に受け入れられることは無かったのである。

　また当初東京都は，土壌汚染のリスクは小さいとして，積極的な汚染にかかわる情報開示を拒んできた。つまり，東京都の提示するリスク評価とそれに基づく処理方法が，本当に適切なものなのかどうかを検証する手立てが封じられ，不確実性が指摘される中，ますます両者の対立が深まった。

　こうした対立を解くために，2つの方向性を提示した。第1は，ゼロリスクにしてリスク・不確実性をなくすこと。次善の策としては，リスク・不確実性を受け入れる手続き，つまりリスクコミュニケーションを拡充することである。そしてリスクコミュニケーションに必要な準則として，情報の開示と利害関係者による共有，データの検証とクロスチェック，異なる立場の研究者の議論への参加，代替案の提示，利害関係者による合議を示した。

　本ケースでは不十分ながら，いわば外からではあるが利害関係者による合議が行われた。それによって情報が公開され，不確実性の存在が明らかとなった。その結果，処理水準は上昇した。リスクコミュニケーションの実施は，処理水準を上昇させる方向で働いた。

　他方，費用負担については，東京都が汚染を考慮しない価格で豊洲新市場予定地を買い取ったことで，処理費用の大半は東京都が実質的に負担することとなった。また，合議によって処理水準が上昇しえたのは，仲卸業者を中心とした利害関係者が，交渉力とそれに伴う多大な取引費用を負担してきたからに他ならない。リスクコミュニケーションには，こうした取引費用と交渉力の確保が不可欠である。

第 8 章　改正土壌汚染対策法の批判的検討

　第 8 章では，土対法の改正の背景，改正土対法の内容について検討した。調査義務範囲の拡大という点は積極的な評価ができる。だが，形質変更時要届出区域という新たなカテゴリーを作ることによって，汚染地の放置に法的位置づけを与えることになる。これまで旧土対法の枠外で行われてきた自主的な土壌汚染の調査と，封じ込め汚染地の情報を積み上げるという，不動産取引上の要請が取り入れられたのが，改正法の中身である。また，求償規定の変更によって，封じ込め処理にかかわる費用しか，汚染者に求償することができなくなる恐れがある。そして根本的な問題として，財源調達の制度設計がないことを指摘した。

9.2　日本の市街地土壌汚染処理制度の諸特徴

　ここでは，これまでの各ケースを踏まえ，現行の日本の市街地土壌汚染処理制度の特徴をまとめてみよう。

処理水準：まだら状の処理水準
　現在，日本の市街地土壌汚染の処理水準は，原状回復，封じ込め，若しくは立入禁止などによる放置が，まだら状に存在している。
　第 5 章と第 6 章の一部で見たように，現在の市街地土壌汚染の大部分の処理水準は，地価と開発利益がシグナルとなった市場評価型のものとなっている。現在の不動産市場では，汚染が残る土地には買い手がつきにくいことから，各経済主体が地価に基づき費用便益分析を行い，多くの地所で原状回復に近い掘削除去を採用している。汚染が残る土地は買わないという，効用の主観的評価に基づく掘削除去の採用である。それだけ土壌汚染にかかわるゼロリスクは，高い WTP が付与されている。だが，こうした掘削除去が採用されるのは，高地価だからである。封じ込めに伴う不確実性・リスクの受け入れを避けるために，高額の処理費用を支出するのである。
　その裏側では，低地価地域の汚染は放置されがちになる。低地価地域におい

ては，健康リスクは存在するが，汚染は放置される傾向になる。第8章で見たように，汚染地の放置は法的に認められている。その結果，健康リスクの不平等な負担が現実に発生している。今日の市場評価型の処理制度の下では，まだら状の処理水準となる。Beck［1986］は「貧困は階級的で，スモッグは民主的である」と述べたが，市街地土壌汚染の健康リスクの負担は階級的である。

　こうした中で，封じ込め処理される汚染地はどんな特徴を持つのだろうか。ファーストケースである東京都6価クロム事件においては，鉱さいをまとめて処理する封じ込め処理が，東京都と汚染者との間の交渉によって決定された。これには東京都の交渉力，そして当時の反公害の世論も後押しした。だがそれは，後の東京都による汚染を考慮しない価格での買い取りがあって初めて成立するものであった。こうした政治経済的な力関係の下，成立した処理水準である。

　第7章で見た豊洲新市場予定地においては，リスク管理に基づく封じ込めを含む処理方法の選択がなされた。だが，そのリスク評価自体に疑義が存在することは，これまで述べてきたとおりである。また，第6章での団地内での封じ込め処理もリスク管理によるものである。

　現在の日本の市街地土壌汚染の処理水準の決定は，全体としての市場評価型による高地価地域での原状回復，低地価地域での放置，そして時としてリスク管理という名の封じ込めが出てくるまだら状となっている。[3]

費用負担

　次に，費用負担について見てみよう。どのケースを通じても，PPPの適用に困難が見られた。第4章で見た東京都6価クロム事件においては，市街地土壌汚染に関する法律が無かったものの，民事損害賠償訴訟という手段はあった。だが，結局は東京都と汚染者の交渉によって，封じ込め処理という中での

---

3) 経済学においては，商品の価格は主観的評価に基づく効用からなり，効用の内容は問われない。こうした中，ゼロリスクに高額の処理費用を支出する経済行動は是認される。他方，リスク管理の際に想起される費用対効果分析においては，ゼロリスクは費用がかかり過ぎとして否定される。このギャップに答えるには，公平性概念に基づく検討が必要であろう。

限定的な PPP が適用された。第 6 章で見たように，現在ではダイ特法が存在し，汚染者への求償規定があるにもかかわらず，汚染者への求償はほとんど行われていない。第 7 章で見た豊洲の新市場予定地の処理費用は，東京都が 7 割以上を負担している。

　PPP が適用困難な理由の一つは，取引費用の存在である。東京都 6 価クロム事件では，汚染地住民が自らの健康リスクを測り，貨幣換算し，損害賠償請求をすること自体が無理であった。

　第 6 章のダイ特法のケースでは，土地所有者が自ら費用負担して処理をした。取引費用を負担してまで訴訟を起こして汚染者に負担させるよりも，土地所有者が自ら処理費用を負担して，取引費用の発生を防ぐのである。市街地土壌汚染の取引費用は，それだけ大きいのである。市街地土壌汚染の事後処理費用の負担を考える際に，カラブレジが掲げた最安価回避者として，土地所有者が一定程度当てはまることを示している。だがこれは，土地価格を中心とした市場評価型のメカニズムの下でなされた処理及び費用負担である。

　では，健康リスクの分配の観点からは，この費用負担は是認されるのだろうか。この場合，住民が自らの土壌汚染にかかわるリスク評価を行うことになり，それ自体に多くの費用を要するであろう。さらに住民自身が定量化されたリスクを貨幣換算することも非現実的である。第 4 章の東京都 6 価クロム事件において，地権者による損害賠償が断念されたように，住民自らが，健康リスクの定量化と貨幣換算，及び損害賠償を行うというのは難しいし，多大な費用を要する。取引費用が大きいために放置される汚染地があったとしても，それがリスク評価から見て効率的であるかどうかは保証されない。こうした場合，土地所有者が最安価損害回避者とはなりえず，健康リスクの存在自体を明らかにするために，行政などによる一定の介入が必要とされる。

行政による汚染地の買い取り

　東京都 6 価クロム事件（第 4 章）では，有害物質が封じ込められた土地を，行政が汚染を考慮しない価格で買い取った。また，豊洲新市場予定地（第 7 章）でも同様の買い取りがなされている。他方，民間不動産市場では，汚染の

残る土地は相当の減価を受けるか，売買そのものが成立しない。この行政による買い取りには，いくつか問題がある。

第1に，行政による恒久的管理の是非である。有害物質の封じ込めには，漏れ出さないよう恒久的なメンテナンスが必要となる。東京都6価クロム事件の場合には，東京都が処理完了地を買い取る理由の1つとして，「汚染土の公共管理」が言われていた。私有地にバラバラに汚染土があると，掘り返しなどの可能性があるというものであった。確かに民間企業はその時々によって経営状況に変化があり，倒産もありうる。だが，土地の所有は一過性のものであるからこそ，土壌汚染の処理は長期的には原状回復を目指すべきである。

第2に，汚染防止のインセンティブがそがれる点である。地中の有害物質の存在を考慮しない価格での買い取りを認めてしまうと，いわば「捨て得」につながり，土壌汚染の発生そのものを防ぐインセンティブがそがれてしまう。

汚染防止のインセンティブ

上記の行政による汚染地の買い取りとかかわるが，今日，改めて市街地土壌汚染の防止について検討せざるをえない。東京都6価クロム事件は今をさかのぼること20年以上前の出来事であった。そこで封じ込め処理が採用されたことの意味は大きい。なぜなら，本ケースでの処理が，その後の市街地土壌汚染の発生抑制につながらなかったからである。

都留［1973］では，PPPのねらいの1つとして，汚染防止のインセンティブを挙げている。後のストック汚染の膨大な処理費用を負担するくらいならば，汚染防止に費用をかけさせるというものである。ここでは，後に課される処理費用の大きさがポイントとなる。舗装・盛土による封じ込めと，掘削除去の間には10倍以上の費用の開きがある。今日存在する市街地土壌汚染を，どのような水準で処理するかは，未来の土壌汚染の発生をどう抑制するかにかかわってくる。

第8章で見たように，現在の改正土対法の下では，汚染地の放置が法的に認められている。また，汚染者への処理費用の求償分に，制限がかけられることとなった。また第1章で見たように，土対法やその他法令では，市街地土

壌汚染の発生を実質的に防止することができてこなかった。こうした中，処理水準の設定，費用負担の在り方を含め，新たな汚染防止の制度づくりを改めて考えなければならない。現在の法的な処理水準からすると，売却が見込める高地価地域では汚染防止が進むであろうが，低地価地域では「捨て得」が容認される恐れがある。

交渉力

　各ケースで，交渉力が処理水準と費用負担に大きな影響を与えていることを確認した。東京都6価クロム事件では，NPO，労組，反公害団体などが，東京都と共同したクロム対策会議を通じて問題の掘り起こしと汚染者への費用負担の追及に取り組んだ。本ケースでは，封じ込め処理であり土地の買い取りを含むが，一定の汚染者負担をなしえたのは，こうした交渉力があったがゆえである。

　豊島五丁目団地のダイオキシン類による汚染では，土地の所有者によって費用負担の在り方に違いが見られた。北区のみが汚染者に求償をしている。他方，都市再生機構は交渉力がないということで，求償を見送っている。交渉力の有無によって，費用負担主体が変わりうることが確認できた。

　また，処理水準の決定においても交渉力は重要である。豊洲新市場予定地のケースでは，築地市場の仲卸業者たちの粘り強い行動がなければ，再調査による汚染の深刻さが明らかにならなかった。そして東京都による追加処理もなされなかった。健康リスクにかかわる有害物質の地中での基本的な性状も，こうした交渉力が無ければ判明しなかったのである。健康リスクの有無を明らかにさせること自体に，一定の交渉力が必要である。

処理水準と費用負担の相互規定性

　これまでの日本における市街地土壌汚染制度の諸特徴を踏まえたうえで，処理水準と費用負担の相互規定関係について，ここでは改めて考察しよう。

　はじめに処理水準のあり方が費用負担に与える影響を見てみよう。現行の日本の制度のように，法的に処理水準が低く設定されている場合は，低地価地域

では汚染は放置される。また，高地価地域ではあっても取引費用が高額なため，原状回復に要する処理費用は，土地所有者が負担する傾向がある。土対法には，法的に汚染者への求償が定められているが，封じ込め処理分しか求償することができない可能性がある。また，処理水準が低いという事は，それだけ封じ込めや放置が増えることから，後の土地の転用の際に，改めて土壌汚染の処理が問題となる。

　仮定としての話だが，処理水準が高く設定されている場合はどうだろうか。その場合，低地価地域，高地価地域双方で財源調達の必要が生じる。取引費用を負担してもなお，処理費用の調達が求められるがゆえ，汚染者負担原則，そして拡大汚染者負担などが検討される。アメリカのCERCLAの下でのPRPs，そして税・租税制度による費用負担が求められることになろう。

　次に費用負担のあり方によって処理水準にどのような影響が出るのかを考察しよう。第1に，予算制約である。日本の制度の下では，予算制約がそのまま処理水準の高低に結びついている。開発利益のある高地価地域では原状回復処理，そして低地価地域では封じ込め処理，若しくは放置である。第2に，取引費用である。現状では一応の汚染者負担が法的に定められているが，取引費用が高額なため実質的に土地所有者負担となる傾向がある。第3に，交渉力である。利害関係者の交渉力も処理水準を規定する。交渉力を持ちうるということは，それだけ取引費用の負担能力があるということである。各ケースで見たように，利害関係者が交渉力を有する場合は，汚染の性状についての調査が進む結果，処理水準が一定向上する可能性がある。第4に，土地の買い取りである。封じ込め処理された土壌汚染を考慮せずに，当該土地を買い取った場合，後に要する原状回復費用や封じ込め処理の維持管理費用の負担主体は，土地を買い取った主体となる。

　処理水準と費用負担は相互に規定関係にあり，これらの要素が影響し合い，現実の市街地土壌汚染の処理が行われている。

9.3 日本の市街地土壌汚染処理制度の改革論

最後に，これまでの結論を踏まえて，日本の市街地土壌汚染処理制度への政策展望を示そう。調査，処理水準，費用負担，恒久的管理，取引費用の低減，リスクコミュニケーションと順次述べる。

土壌汚染の調査義務・契機

改正土対法の下では，3,000㎡以上の土地改変時に土壌汚染の地歴調査が課されることになった。だが，地歴調査に基づき土壌汚染の存在が確認された場合でも，「人の健康に係る被害」がない場合には，形質変更時要届出区域になり，汚染の放置が可能である。市場評価型の土壌汚染処理，つまり交換価値レベルから見れば，こうした汚染の放置は効率的であろう。だが，健康リスクの観点からすれば，それは効率的な資源配分ではない恐れがある。

健康リスクのより適切な把握が必要である。「人の健康に係る被害」の恐れは，「人の立ち入り」，「汚染地下水の飲用」のいずれかがあった場合に認められる。しかし現実には，有害物質を含んだ土壌粉塵が風に乗って隣地に運ばれる場合や，汚染地下水が地中で拡散する恐れがある。「人の立ち入り」がない場合とは，写真6.2のような土地をロープで囲っただけの場合もある。「人の健康に係る被害」の有無だけで，土壌調査の必要性を判断するのは不適切である。「人の健康に係る被害」の恐れが無くとも，地歴調査の結果いかんでは，土壌調査まで進み，周辺住民の健康リスクの把握をすることが必要である。具体的には，地歴調査の結果と，周辺の土地の利用状況，人口などから，土壌調査及び処理の必要性を何らかの方法でスコアリングするべきである。また，リスク負担する可能性のある汚染地住民などが，リスク評価に基づくスコアリングの情報へアクセスする交渉力も必要である。それには交渉力の確保のためのリスクコミュニケーションの制度的拡充が求められる。

改正土対法の下では，土地の改変者が調査義務を負っているが，調査費用の負担能力がない場合が想定される。場合によっては，行政による調査費用の補

助も必要である。汚染の疑いが濃厚な面積の広い工場跡地が優先的に調査されるべきだが，3,000㎡に満たない土地も順次調査の枠組みに入れるべきである。

処理水準

　日本の現状の処理水準は，原状回復と封じ込め，若しくは立入禁止などによる放置が，まだら状に存在している。

　地価・開発利益に基づき，高地価地域では掘削除去が自発的に採用され，ゼロリスクに近い処理が行われている。土対法の想定からすると上乗せされた処理水準である。その他方で市場評価型の処理水準の下では，低地価地域では汚染地が残存する。制度的には「人の健康に係る影響」がない場合は，形質変更時要届出区域として，汚染の放置が法的に認められている。予算制約の結果として，リスク負担の不平等が発生している。現行の制度の下では，市街地土壌汚染の処理水準は概ね市場に任されている。

　こうした状況の下，低地価地域でのブラウンフィールドの発生が懸念されている。ブラウンフィールドに対する中央環境審議会の認識は，以下のようなものであった。

　　最近の土壌汚染対策の傾向としては，健康被害が生ずる恐れの有無にかかわらず掘削除去が選択され，掘削除去に比較して対策費用が安い「盛土」，「封じ込め」等が選択されることは少ない。汚染の程度や健康被害の恐れの有無に応じて合理的で適切な対策が実施されるよう，指定区域については，環境リスクに応じた合理的な分類をすべきである。また，合理的な対策を推進することにより，いわゆるブラウンフィールド問題の解消にも寄与することと考える（中央環境審議会［2008］pp. 2-3）。

　つまり，ブラウンフィールドの発生要因の1つは，掘削除去によってゼロリスクを求めるリスク認知という発想である。素人のリスク認知は誤りであり，専門家による実質リスクに基づいて，リスク管理をしていこうというものである。低地価地域のブラウンフィールドは，リスク管理に基づき，盛土や封じ込

めといった低廉な処理方法を採用するべきというものである。

　こうした現行の処理水準の決定の在り方に対して，改めて問題をまとめる。第1に，未然防止のインセンティブに欠けることである。第2に，リスク評価に伴う価値判断，不確実性について考慮されていないことである。その結果，リスク負担の不平等が看過されていることである。第3に，リスクの受け入れに際しての手続きが欠けていることである。ゼロリスクでないのならば，その受け入れに際して当人の同意が必要である。第4に，封じ込めにおける恒久的メンテナンスの担保がないことである。第1，第2については先に述べた。ここでは第3と第4について述べよう。

　第3の，リスク受け入れに際しての手続きが欠けている問題である。日本におけるブラウンフィールド問題は，予算制約の下，低地価地域において健康リスクが一方的に押し付けられる結果となりかねない。封じ込め処理はゼロリスクではない。それゆえに，ブラウンフィールドとして放置されたリスクが，実質リスクとして本当に健康被害をもたらさない閾値以下のものなのか，また目標リスクが当該地域にとって受け入れ可能なものなのか，さらには不確実性，ハザードの帰属などが利害関係者の間で合議されなければならない。つまり，リスクコミュニケーションが必要となってくる。いわれのないリスクを一方的に押し付けられる義務はないのである。これについては，本章の最後に再論する。

　第4の，封じ込めにおける恒久的メンテナンスの担保がないことは，世代間責任のうえで大きな問題である。盛土・舗装や封じ込めなどの簡便な処理方法の採用では，ブラウンフィールド問題は解消せず，先送りされるだけである。封じ込め処理では，有害物質が漏れ出さないよう，恒久的なメンテナンスが必要である。こうした恒久的な事業が行政によって担われたのが，第4章で見た東京都6価クロム事件であった。現行の制度の下で，封じ込め処理地を，企業や私人が恒久的にメンテナンスできるのか，疑問が持たれる。

　ところで，ブラウンフィールド問題に先行する形で，近年，産業廃棄物の最終処分場の廃止が問題となっている。廃止したくても，できないのである。1997年に廃棄物処理法が改正され，翌1998年に「一般廃棄物の最終処分場及

び産業廃棄物の最終処分場の技術上の基準を定める命令（以下，基準省令）」が改正され，最終処分場の廃止基準が記されることとなった。管理型処分場の廃止の要件の1つに，排水基準等に2年以上適合しているとある（基準省令1条3項六号）。最終処分場の多くは，廃棄物中の有害物質が外界に漏れ出さないよう遮水や排水処理施設を持っており，これら機能の維持管理が必要である。排水基準を満たすには恒久的な維持管理が必要な場合が多く，既に廃棄物の受け入れを終えた最終処分場が廃止できない事態となっている。受け入れ停止後の維持管理費用の調達に困難をきたし，廃止もできないまま無管理状態になる処分場が現れている（構想日本 最終処分場のあり方研究会［2004］・樋口［2003］）。今後，業界団体などによる基金の創設など，維持管理のための恒久的な財源が検討されなければならない事態となっている。

廃棄物の最終処分場は，封じ込め処理の究極の姿である。市街地土壌汚染において，やむをえず封じ込め処理が選択された場合にも同様の懸念が生じる。恒久的なメンテナンス，そして財源の担保がないまま封じ込め処理を推進するのは，問題の先送りに過ぎない。

よって，ブラウンフィールドを含めて，長期的にはゼロリスクにつながる原状回復を目指すべきである。原状回復が無理ならば，利害関係者へのリスクの受け入れの手続き，そして封じ込め処理地の維持管理のための長期的な財源確保が求められる。

費用負担

現行の制度下では，市街地土壌汚染の事後処理において，PPPの適用に困難が見られた。その要因として取引費用の存在がある。その結果，土地所有者・開発行為者による自発的な処理が行われている。こうした実質的な土地所有者責任は，どのように評価できるであろうか。比較的高地価地域であり，まとまった広さを持つ土地ならば，土地所有者負担によるゼロリスクにつながる原状回復処理も可能であろう。

だが，ブラウンフィールドのように低地価の土地，または狭い土地の場合には，新たな財源調達の在り方が模索されなければならない。これらのブラウン

フィールドに対しても，長期的に原状回復を目指し，処理費用の財源調達の制度を確立することが求められる。また，リスクコミュニケーションの適正な実施と，封じ込め処理の恒久的管理の費用を考慮に入れるならば，処理水準はより高くなり，処理費用も大きくなり，それだけ財源が必要となる。

ところで，土壌汚染をめぐるブラウンフィールド対策手法検討調査検討会［2008］によると，日本全国の土壌汚染の推定面積は，11.3万haである。これら全てに掘削除去が採用されると仮定して，1㎡当たり0.3㎥の汚染土が処理の対象となり，1㎥当たりの処理費用が5万円要するとすると，16.9兆円を要すると推定している。また，土壌汚染処理費用が地価の3割を超えるとブラウンフィールドとなると仮定し，ブラウンフィールドの処理に必要な費用を4.2兆円と試算している。

こうした財源調達の必要から，費用負担の転換が求められる。制度設計にあたっては，個別汚染地の費用負担，税・財政制度にかかわる費用負担という2方面からの検討が必要である。

〈個別汚染地における費用負担〉

個別汚染地については，現行の実質的な土地所有者責任に一定の修正を加える必要がある。第1は，汚染者への求償のための取引費用の低減を図ることである。例えば，ダイ特法における個別的な因果関係の証明のハードルを下げることである。また，汚染地周辺の住民といった実質的なリスクの受け手の交渉力を引き上げることも必要である。汚染情報へのアクセス手段の整備，処理水準をめぐる交渉の場の確保，つまりリスクコミュニケーションの場の設定が求められる。こうした場における健康リスクの存在と処理の必要の確認は，因果関係の証明にもつながる。

第2は，CERCLAにおけるPRPsのように，土壌汚染に関わった主体に対して，連帯責任を課すことである。PRPsには，汚染者だけでなく，土地所有者，有害物質の生産者，汚染者へ貸し出しを行った銀行，有害物質の輸送者を含む。連帯責任は，未然防止と財源調達の観点から意義を持つ。

未然防止については，土壌汚染と処理費用の発生を安価に回避しうる主体に，回避に向けたインセンティブを課すことにつながる。土壌汚染の発生に関わる

可能性を持つ各主体が，お互いの取引の際に，土壌汚染の発生を防ぐ行為を織り込むのである。例えば，銀行での融資審査と判断に土壌汚染に関わる項目が入ることは，直接的な汚染者に土壌汚染を発生させる経営行為を止めさせるインセンティブとなろう。また，有害物質の使用者（潜在的な直接の汚染者）は，製造者に対して，より環境に無害な物質の生産を促すであろう。また製造者は，有害物質の使用者に対して，土壌汚染を引き起こさない方法での使用を徹底させるであろう。各経済主体のうち，どの主体が最安価損害回避者であるかは，ケースにより異なるであろう。連帯責任は，どの主体が最安価損害回避者であるかを探索し，取引するインセンティブを，各経済主体に課すのである。つまり効率的な未然防止につながるのである。

　財源調達の観点からも，連帯責任は意義づけられる。現行の土対法は，土地所有者責任と汚染者責任しか定めていない。この両者が土壌汚染の処理費用の負担能力がない，若しくは存在していないケースは，日本でも当然発生しうる。こうした際の財源調達の手段として，幅広いPRPsに費用負担を課すのである。CERCLAの歴史では，1986年の再受権の際に，土地購入の際に汚染を知りえなかった「善意の購入者」に対して，また2002年に制定された零細企業責任救済及びブラウンフィールド再活性化法にて汚染への小規模寄与者の責任が免除された。CERCLAに対しては，取引費用の多さなど批判も多いが，PRPsによる費用負担の基本的仕組みは変わっていない。CERCLAにおいて，公正・公平性の観点からどのように本制度が生き残ってきたのか，その責任論の在り方が今後の日本の制度づくりに参考になるであろう。

〈税・財政制度による費用負担——CERCLAにおけるスーパーファンド〉

　もう1つの改革の方向として，財政及び基金制度の活用が挙げられる。第4・6・7章で見てきたように，日本の市街地土壌汚染の処理において，公費負担がなされている。また，汚染の残る土地を行政が買い取ることによって，実質的には行政による土壌汚染の後始末が行われている。今後，ブラウンフィールドの顕在化が予想される中，その処理は従来どおり公費負担によってまかなわれなければならないのだろうか。

　財政及び基金制度の活用として参考になるのがCERCLAの下での基金

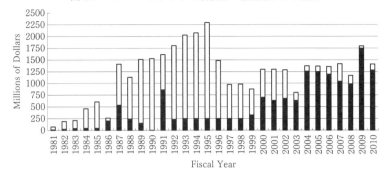

図 9.1　スーパーファンドの規模と一般財源からの充当

※グラフ全体が基金規模を，黒塗り部分が一般財源からの充当部分を示す。白塗り部分は，前年度基金からの繰越，石油税・化学原料税，法人環境税，及び PRPs からの回収からなる。1996 年からは石油税・化学原料税・法人環境税が失効した。2009 年にはアメリカ復興再投資法（American Recovery and Reinvestment Act of 2009）から基金へ 6 億ドルの補助があった。
出所：1983～2012 年度の The Budget of United States Appendixes より筆者作成

（スーパーファンド）である。CERCLA の下では，費用負担が課されるべき PRPs が不存在・負担能力がない場合，PRPs が係争中の場合，同法によって設立された基金から処理費用が支出される。その中で注目されるのが，基金の財源である。1981 年に設立された同基金は，石油税と化学原料税，一般財源からの充当，PRPs からの回収金，そして前年度からの基金の繰越金からなる。その規模は，1981～1985 年までの累計で約 15.4 億ドルの規模であった。しかし，基金の規模が決定的に不足しており処理が進まなかったことから，1986 年の再授権の際に，抜本的な財源の拡充がなされた。石油税の大幅な増税と，化学原料税の増税，法人環境税が加えられた。

　石油税と化学原料税は，PPP を念頭に置いたものであった。有害物質の原料となる物質に課税することで，有害物質の価格に処理費用を一定反映させ，有害物質の使用者にそれを負担させるというものであった（櫻井［2001］p. 125）。

　これによって基金規模は飛躍的に増大し，1995 年には単年で 22.9 億ドルに達した。スーパーファンドにおいては目的税を通じた PPP による財源調達が一定行われていた。しかし 1995 年，共和党議会の下で再授権されず，その後

スーパーファンドの各種の税は失効している。それに伴い，基金に占める一般財源の割合が増加している。失効後しばらくは基金の繰り越しがあったが，近年は基金の大半を一般財源が占めている。図9.1に基金の規模とそれに占める一般財源からの充当を示す。

しかし，失効後もスーパーファンドの各種目的税による財源確保を復活させようという動きがある。2009〜2010年にかけて，4本の法案が提出されている。いずれもPPPを謳っている。また，オバマ政権の下でEPAは，2010年議会にスーパーファンド課税を復活させる法案を提出している（Braunson[2011]）。2011〜2021年の間，石油税・化学原料税・法人環境税を課し，総額約190億ドルの税収を見込んでいる。だが，化学産業界からの反発は根強い。全米化学工業協会（American Chemistry Council）は再授権に反対している。その理由としては，課税対象となる有害物質の製造及び販売によって利益を得た企業は，通常，PRPsとして処理費用を負担しており，課税は処理費用の二重支払いになる。また，汚染にかかわっていないサイトの処理費用の負担を強いられるのは不公平だという主張である（Chemical Week，2010/June21/28.）。

こうした紆余曲折がありながらも，PPPを一定志向する財源調達の在り方を模索するアメリカに比して，日本では土壌汚染処理のための税・財政制度の活用はどうなっているのであろうか。CERCLAでは，日本でいう産廃の不法投棄サイトの処理事業も範囲に含まれる。日本では産廃特措法に基づき，11件の不法投棄地の処理に対して国庫補助が1,198億円支出されている。そして市街地土壌汚染においては，土対法の下で，資力が乏しく汚染原因者でない処理主体への資金援助を行う基金が存在する。総額14億円で産業界からの寄付と国庫支出からなる。スーパーファンド法の取り組みに比して，あまりにも少額である。今後のブラウンフィールドの顕在化に伴い，安定的な処理財源として基金の抜本的拡充が求められる。

税・財政制度の活用のメリットとして，財源調達における取引費用の低減が挙げられる。個別汚染地の処理費用の負担においては，汚染者を探索する，PRPsのように汚染に関わった個々の主体に連帯責任なりを課す，若しくは汚

染寄与分に応じた負担を決定するために，訴訟費用など取引費用を要する。他方，税・財政制度による処理費用の権力的徴収は，相対的に取引費用がかからないであろう。また，石油や化学物質への課税は，それらの使用量の抑制につながり，それに伴い汚染の発生抑制に結びつき，導入への正当性を一定持ちうる。但し，過去の汚染行為に伴う処理費用をまかなうために，現在の取引量に応じて課税額を決定することには，原因と負担のリンクが薄いことから（応因原理の薄弱さ），産業界の一部から反対の声が出るであろう。拡大汚染原因者負担原則の「特別の利益」及び，応責原理に基づく課税根拠の検討が改めて求められる。

リスクコミュニケーションの拡充と交渉力の担保

今後，長期的に原状回復を目指し，処理費用の財源調達の制度を確立することが必要だが，仮に，封じ込め処理などの一定のリスクの受け入れが是認される場合には，リスクコミュニケーションが欠かすことのできない条件となる。2.5で，許容量という概念が社会的なものであると述べた。その際の情報の整備と合議が，リスクコミュニケーションである。リスクコミュニケーションによって，ある主体にとっての有害な事象ついてのリスクや不確実性が分からないうちに，それらを一方的に負担させられるような事，リスクの一方的な押し付けが一定回避される可能性が開かれる。

さて近年，市街地土壌汚染をめぐる議論において，リスクコミュニケーションが語られることが多くなっている。市街地土壌汚染の処理の際に，多くのサイトで費用を要する掘削除去が採用されていることへの対応として，リスクコミュニケーションの必要性が説かれている。中央環境審議会［2008］では，土壌汚染による健康被害の防止には，盛土・舗装・封じ込め等で十分な場合が多いにもかかわらず，掘削除去が採用されているとして，「土壌汚染のリスクと合理的対策についての国民に対する普及啓発」，「土壌汚染調査・対策を実施する事業者と周辺住民との間におけるリスクコミュニケーションの充実」が必要だとしている。その内容として，「汚染状況や健康被害の恐れの有無に応じた適切な土壌汚染対策について，関係者に分かりやすく説明，紹介するリスク

コミュニケーションの充実は，必要不可欠である」としている（中央環境審議会［2008］pp. 9-10）。また，ビジネス・企業向けに書かれた市街地土壌汚染にかかわる著書の中では，リスクコミュニケーションの具体的内容として，情報提供のタイミング，方法，自治体との連携などのポイントが列挙されている（土壌汚染対策研究会［2010］・丸茂ら［2011］）。

　昨今の市街地土壌汚染におけるリスクコミュニケーションは，専門家による実質リスクをいかに素人に分りやすく伝えるか，そして素人の認知リスクと実質リスクとの「ずれ」をなくしていくためのテクニックとして扱われているきらいがある。従って，「信頼」や「分りやすさ」といったキーワードが重視される。確かに汚染地周辺住民との対話も重視はされているが，あくまでも事業者や行政による土壌汚染の健康リスクへの対応を，住民にスムーズに受け入れさせるためのコミュニケーションである。

　こうした一方的な説得的リスクコミュニケーションで，リスクコミュニケーションは果たされるのだろうか。否である。汚染地の放置や封じ込め処理はゼロリスクではない。従って，一定の健康リスクを汚染地周辺住民は負っていることになる。リスクを受け入れるか否か，もし受け入れるのであれば，リスクにかかわる情報提示が必要となる。そしてリスクの受け入れの手続きが必要となる。それには一方的なリスクコミュニケーションでは不十分である。National Research Council［1989］でたびたび指摘されているように，リスクコミュニケーションは本来，相互作用的過程なのである。

　では，リスクコミュニケーションには何が求められるのだろうか。市街地土壌汚染に引きつけて，第2章で見た National Research Council［1989］に加筆する形で，列挙してみよう。

　第1に，情報の開示と，利害関係者による共有である。汚染地における有害物質の性状，環境への影響，人体の健康にかかわるハザードとリスクが基礎的な情報となる。加えて，妊婦・幼児など特定の集団へのリスクも考慮されなければならない。そしてリスク評価に関する不確実性も明らかにされなければならない。そして最後に，リスク・便益の帰着である。処理を行う，あるいは行わないことによって誰にリスクが，誰に便益が帰着するのかが示されるべき

である。

　第2に，情報のクロスチェックである。汚染地の調査・処理権限を有する主体が一方的に情報を発信するのではなく，利害関係者による情報のチェックが必要である。具体的には，土壌調査への立会い，ボーリングコアなどの原資料へのアクセスの確保が必要である。土地の所有者が排他的な土地所有権に基づき一方的に調査を行うのではなく，利害関係者による立入調査も一定必要となろう。

　第3に，代替案の提示である。処理方法の提示にあたっては，複数の代替案が示されなければならない。専門家によるリスク評価も価値判断からいっさいフリーではないからである。どのような安全係数を選択するか，10万人に1人の発ガンを無視できるリスクとして扱うか，生態系若しくは健康リスクのいずれのエンドポイントを選択するか，などである。これに伴い，複数の処理方法が提示され，それぞれメリットとデメリットが列挙されなければならない。代替案毎の，リスクと便益の帰着も示されなければならない。低人口地域でのブラウンフィールドの放置は，「社会的」には効率的な処理方法の選択かもしれないが，数少ない汚染地周辺住民にとってはリスク負担でしかない。ブラウンフィールドの放置はリスク負担の不平等の表れだが，どのような質のどの程度不平等なら社会的に是認されるのか，社会的意思決定のための情報提示が必要である。

　第4に，決定責任の明確化である。端的に言えば，ハザードが実際に生じた場合，時の経過とともにリスクが高まった場合，その責任は誰がどのようにとるか，ということである。封じ込めが失敗した時の処理責任，封じ込めにおける恒久的な維持管理の責任がその具体的内容である。責任を負う主体は，封じ込め処理を行った土地所有者かもしれない。また，ある処理方法が，自由なインフォームド・コンセントの中で地域に受け入れられたのならば，その責任は地域住民に帰するかもしれない。場合によっては，リスク評価，処理方法の選定を行った専門家の責任も問われることになる。こうした責任の所在をあらかじめ明確化しておくべきである。またそれは，費用負担ルールをあらかじめ定めておくことにもつながる。そして責任のとりようのないハザードであれば，

それは予防原則の適用と原状回復につながるのである。

　第5に，利害関係者，特に健康リスクを負う可能性のある人々に対する専門的知識のサポートである。つまり利害関係者が，自分たちが選定した専門家の技術的サポートを受けられることである。そもそもどの情報の開示を求めるか，共有を図るかについて，専門家のサポートが必要である。また専門家には，原資料を分りやすく伝える翻訳的な役割が求められる。調査・処理主体から発せられた情報が，どのような仮定・前提に基づいているのか，伝えられなければならない。リスク評価に異なった仮定・前提を置くならば，処理方法も変わるであろう。それに基づき代替案を作る際にも，専門化によるサポートが必要である。[4]

　こうした諸条件を満たすものが，リスクコミュニケーションである。だが，これらの情報共有，交渉力の確保がなされたとしても，最終的に誰がどのような権限で処理水準を最終的に決定すべきか，という問いは残る。しかし，リスクコミュニケーションは，リスク負担の可能性のある人々の関与を高め，リスク負担のより公正な社会的決定に寄与し，実質的な処理水準の上昇につながるだろう。

---

4) アメリカのCERCLAの下では，EPAや汚染地周辺の住民との間で，汚染や処理に関する情報のやり取りの場として，CAG（Community Advisory Group）というリスクコミュニケーションの機会が設けられている。また，汚染地に利害関係を有する地域住民や環境団体などに対して，専門家を雇う費用の補助金が存在する。TAG（Technical Assistance Grant）といわれるもので，汚染地にかかわる技術的情報を説明する，EPAやPRPsから独立した専門家を雇う費用を，1件につき5万ドルを上限に補助する（EPA［1998］・村山［2008］）。

補章　福島第 1 原発事故による土壌汚染の除染の現状
南相馬市・川内村における汚染状況重点調査地域の除染事例から

　2011 年 3 月の福島第 1 原発事故による放射性物質によって，広範な土地が汚染された。原発半径 20km 圏内及び，飯舘村などの計画的避難区域の高汚染地域では，住民は当面帰還することができない。また，それ以外の原発周辺市町村の住民も，「帰還する」「帰還しない」というきわめて困難な選択を迫られている。そしてその選択は，除染の進展具合に大きく影響を受ける。「どこまで線量が落ちれば帰還するのか」という問いに，地域社会・個人が直面しているのである。その背景の 1 つとして，放射性物質の低線量・長期間被ばくをめぐる科学的不確実性が横たわっている。

　除染に関する法制度としては，2012 年 1 月に本格施行された「平成 23 年 3 月 11 日に発生した東北地方太平洋沖地震に伴う原子力発電所の事故により放出された放射性物質による環境の汚染への対処に関する特別措置法（以下，特措法）」がある。汚染地は，除染特別地域と汚染状況重点調査地域とに分けられ，それぞれ国及び市町村が除染を行うこととなっている。[1]

　筆者は 2012 年 3・9・10 月及び 2013 年 3 月に南相馬市で，2012 年 8・9 月及び 2013 年 2 月に川内村で現地調査を行った。市村の除染担当課・市村議員・除染作業員へのヒアリング，除染現場の見学をし，住民説明会へ参加した。両自治体では，2012 年夏に汚染状況重点調査地域の除染を始めており，本論は，その取り組みの中間報告である。市町村が除染を行う汚染状況重点調査地域においては，自治体によって除染の進展に大きな差がある。以下では，汚染状況重点調査地域の除染制度とそれに基づく市町村毎の進捗状況の差と，その要因について述べる。そのうえで，南相馬市，川内村での除染の諸特徴を述べる。なお，除染が遅くなっている市町村にもそれなりの理由があり，何も除染

---

1) 2012 年度中，高汚染地域である国直轄の除染特別地域の除染は，全体として進んでいなかったため，本章では触れていない。

のスピードだけが評価されるべきではないことを注記しておく。

補.1 特措法に基づく汚染状況重点調査地域と進捗状況の差

特措法に基づき，汚染状況重点調査地域の除染は実質的には市町村が処理を行う（特措法 35 条 1 項・38 条）と定められた。汚染状況重点調査地域は福島第 1 原発から半径 20km 圏外，かつ計画的避難区域外で，1mSv/y 以上の区域がこれに当たる。また福島第 1 原発から 20km 圏外の 20mSv/y を超えるホットスポットは，特定避難勧奨地点と呼ばれる。また，これら汚染状況重点調査地域と特定避難勧奨地点をまとめて除染実施区域と呼ぶ場合もある。汚染状況重点調査地域の除染は，国の交付金に基づいて市町村が実施する。その費用は国が一時的に負担するが，最終的には国が東京電力に請求する（特措法 42・43・44 条）。

除染目標については，国との協議を経て市町村が策定するが，除染目標は概ね横並びである。長期的な目標を追加被ばく線量が 1mSv/y となること，併せて，除染完了時に除染前に比しての年間追加被ばく線量が約 50％減少することを設定している（双葉郡川内村［2012］・南相馬市除染対策課［2012］）。

また，除染目標に結びつく除染方法の選定は，環境省が 2011 年 12 月に策定した「除染関係ガイドライン（以下，ガイドライン）」に基づく。市町村は国との協議を経て，特措法に基づいた除染の実施計画を立てなければならない。とはいえ，除染方法はガイドラインに強く拘束され，市町村の裁量はほとんどない。除染費用は国からの交付金からなり，除染単価は国の基準に基づいて定められ，それを超えるものについては特措法に基づく交付の対象とならない。

しかし，こうした国による一律の除染方法の適用は，以下の理由で地域の実情と齟齬をきたしている。第 1 に，地域によって自然的・地理的条件が異なるからである。汚染の性状が異なれば，異なる除染方法が求められる。第 2 に，地域社会及び個人によって，低線量・長期間被ばくへのスタンスの違いが存在するからである。現在国は，長期的に 1mSv/y を目指すとしているが，それがいつ達成されるのかは明示されていない。「どこまで除染すれば帰還する

表補.1 福島県内の汚染状況重点調査地域の計画策定状況

(2012年8月23日現在)

	法定計画	計画策定日 (全て2012年)	仮置き場設置状況
福島市	◎	5月21日	1ヵ所設置済,宅地内保管を実施
二本松市	○		75ヵ所,住宅除染廃棄物は各宅地内保管
伊達市	◎	8月10日	7ヵ所運用,12ヵ所契約済み
本宮市	○		和田地区1ヵ所契約,宅地内現場保管
桑折町	◎	5月29日	3ヵ所完成,3ヵ所発注
国見町	○		現場補完(地上保管)
川俣町	○		15ヵ所
大玉村	○		1ヵ所,半地下覆土方式
郡山市	○		検討中
須賀川市	◎	8月10日	1ヵ所
田村市	◎	7月3日	調査中
鏡石町	◎	7月3日	調査中
天栄村	◎	5月21日	24年度沢尻地区,1ヵ所
石川町	○		1ヵ所設置済,追加予定中
玉川村	◎	7月13日	2ヵ所計画中,12行政区ごとに仮仮置き場設置の可能性あり
平田村	◎	5月24日	1ヵ所決定
浅川町	◎	7月13日	2ヵ所計画中,地上保管
古殿町	◎	7月17日	1ヵ所造成中,9800m^{2}国有林地
三春町	○		4-5ヵ所計画中
小野町	○		3ヵ所計画中,地域住民説明会(9/25,26,27)
白河市	○		1ヵ所(大信地区),他行政区は計画中
西郷村	◎	7月13日	4ヵ所計画中
泉崎村	◎	5月21日	2ヵ所
中島村	◎	7月13日	
矢吹町	◎	7月13日	地区ごとの一時保管を計画中
棚倉町	◎	7月3日	2ヵ所,地上保管方式
矢祭町	○		
塙町	○		
鮫川村	◎	8月3日	1ヵ所,地上保管2500m^2
会津坂下町	△		1ヵ所予定
湯川村	◎	7月13日	
柳津町	○		今のところ予定はない
三島町	○		フレコンが200~300入る大きさの土地を仮置き場としている
昭和村	○		
会津美里町	◎	6月11日	1ヵ所設置予定
新地町	◎	6月11日	仮置き場は決まっていない,除染廃棄物は全て地上保管
相馬市	○		1ヵ所
南相馬市	○		検討中
広野町	◎	6月12日	造成済み1,発注済み3,国のモデルの仮置き場1
川内村	○		4ヵ所を予定
いわき市	○		調査中

注:◎は法定計画策定済み,○は緊急実施基本方針に基づく計画策定済み→法定計画移行協議中,△は法定計画策定協議中
出所:除染情報プラザにて入手したものに筆者加筆

のか」は地域社会・個人により異なり，それに応じて除染方法も変容を受けるからである。

　こうしたことから，市町村によってはガイドラインに上乗せする形での除染方法を求めるケースが出てくる。除染計画の策定は遅れるが，科学的不確実性を含んだリスクを受け入れるか否かの手続き上，出てこざるをえない要求である。これら要求は，市町村及び住民の交渉力にも大きく規定される。

　そんな中，汚染状況重点調査地域の除染の進捗状況には差が出ている。2012年8月23日時点では，福島県内の汚染状況重点調査地域に指定された41市町村中，除染の法定計画が策定されたのは約半分の21市町村であった（表補.1）。2013年3月21日時点では，福島県内52市町村のうち，住宅除染の計画に対して発注が完了しているのは10市町村である（福島県除染対策課[2013]）。除染計画，除染作業の進捗状況にばらつきがある。

補.2　南相馬市の現状
　　　　ガイドラインとの対立

　南相馬市へのヒアリングによると，除染方法などをめぐって，市と環境省の意見の違いが発生している。その内容は以下である。

　第1に，農地の除染水準についてである。市は土壌に対する基準を独自に設定している。農地は人間への直接的な影響だけでなく，農作物そのものへの影響も考慮する必要があるという考え方からである。他方で環境省はあくまでも空間線量率を基準としている。第2に，農地の除染方法としての草刈りである。市は農地の除染方法として草刈りを認めるよう環境省に求めているが，認められていない。第3に，ため池の底質の処理である。市内にはため池が多いとされるが，ため池の底質はガイドラインに基づく除染の対象には含まれない。環境省は水によって放射線が遮蔽されているとして，これらストック汚染の処理を拒んでいる。第4に，除染廃棄物の仮置き場でのモニタリングポスト設置である。市は，住民らが空間線量を常時監視できるよう，仮置き場にモニタリングポストを設置するよう環境省に求めているが，認められていない。

補章　福島第 1 原発事故による土壌汚染の除染の現状

写真補. 1　南相馬市の民家屋根の洗浄（2012 年 9 月筆者撮影）

　なお，環境省は当初，洗浄などの除染作業に使用した廃水のセシウム除去を認めていなかったが，市町村からの要求によって後に認める姿勢に転化している。
　また，南相馬市では，除染廃棄物の仮置き場の設置や除染方法の決定をめぐって，住民との折衝に多大な労力を支出している。仮置き場については，2011 年にいったん 2 ヵ所の候補地が挙がった。その選定に伴い，住民説明会を同年 12 月から翌年 1 月にかけて合計 17 回実施した。しかし，反対意見が多く，市内 13 ヵ所に行政区単位で仮置き場の設置を進めることとなった。2013 年 3 月時点で，13 ヵ所中 9 ヵ所の仮置き場を確保している。住宅敷地の除染作業を開始するには，住民の同意が必要である。コンクリートの有無やはぎ取りの可否，樹木の枝打ちなど個別に異なるため，住民との話し合いが必要になる。また，除染を開始するにあたっての地区毎の住民説明会では，1 軒ごとの特殊事情からガイドラインからはみ出る部分の除染方法について多くの意見が出ており，市は対応に苦慮していた。除染作業そのものよりも，こうした市と市民との折衝に多くの労力がさかれている。筆者は 2012 年 10 月 26 日に，南相馬市樫原地区の住民説明会を傍聴したが，多くの住民から自宅の特殊事情に応じた要望が上がっていた。南相馬市では，請負業者の協力を仰ぎ市民窓口センターを設けており，住民からの要望をそこで一元管理している。住民との折衝に要する多大な費用は，国からの交付金では考慮されていないという。

補.3　川内村の現状
　　　ガイドラインに沿ったスピード除染

　川内村における除染方法は，国から出されたガイドラインに沿ったものであり，村の独自色は見られない。村の行政区は8つにわたるが，2013年2月26日時点で，生活圏の除染については，そのうち1～7区（5区のみ一部）が完了している。他市町村に比べ，除染のペースはきわめて速い。除染は県内外の12業者が請け負う。除染廃棄物の仮置き場は，村南西部の大津辺山の村有地に設置が決まっており，1～4区の除染廃棄物が持ち込まれる予定である。また，仮置き場の前段階の仮仮置き場の設置も，字単位でスムーズに進んでいる。費用負担については，南相馬市と同様，国から県を経由した交付金に基づいている。ただ，村の面積の約9割を占める森林の除染については，目処が立っていない。国に対して効果的な対処法の提示を求めているが，進展は見られない。

　国の方針に沿って，スピード感を持って除染にあたっている川内村だが，村への帰還者は依然として少ない。村によると，村の人口の約3,000人のうち，帰還者は2012年9月時点で750～800人にとどまる。2014年6月時点で1,278人である（朝日新聞2014年6月19日「帰還率は46%川内村が初の実態調査」）。そのうちの多くは郡山市を中心とした避難先との2地域居住である。村では，既に除染作業を終えた集落が多くあり，村が設置したモニタリングポストでは長期目標の0.23μSv/h（1mSv/y）を下回る数値がカウントされていた。だが，住民の話によると，除染作業が終わったにもかかわらず，40代以下の世代はほとんど帰還していないという声が聞かれた。

　筆者は2012年9月4・5日に2・3区で行われた住民説明会を傍聴した。参加した住民の多くが，高齢者であり，子育て世代は見られなかった。村長をはじめ役場の除染担当課職員が，除染の手順を説明し，質疑が行われた。質疑では，線量が落ちなかった場合の措置についての疑問，農地と民家との一括除染を望む声などが出された。除染作業を開始する際の，住民と業者との同意書作

写真補. 2　川内村の除染が終わった集落（2012年9月筆者撮影）

成にあたっては住民が立ち会うことが少なく，村は住民に対して立会いと作業の確認を求めていた。なお，2014年にはフォローアップ除染として追加除染を行うとしている。

おわりに

汚染状況重点調査地域においては，国との協議を経て，市町村が除染計画を立てる。この際，市町村によって計画策定能力，国との交渉力，住民の意識に地域差が生まれうる。その結果，地域によって除染の進捗状況に大きな差が出る[2]。

南相馬市では，ガイドラインに基づく除染方法と，地域独自の事情が齟齬をきたしている。具体的には，除染廃棄物の仮置き場の確保，除染方法の住民合意に要する労力，地域独自の自然環境に応じた除染方法の採用，面的除染といった地域からの要望に，国が応え切れておらず，市は両者の板挟みになっていると言えよう。他方，川内村では，時間の経過に伴う地域社会の崩壊を防ぐために，住民の早期帰還という目標を置き，国の除染方法に従ったスピード感

---

2) 福島県外の自治体でも，ガイドラインに上乗せする形で除染目標を設定している場合がある。小学生以下の子供の生活環境の除染目標について，国が地表1m及び50cmでの空間線量 1mSv/y 未満としているのに対して，千葉県柏市では地表5cmで空間線量 1mSv/y 未満として，除染作業を進めている（柏市［2013］）。

のある除染が目立った。しかし，除染が完了したとしても，子育て世代の帰還は進んでいない。

　科学的不確実性を含んだリスクを受け入れるか否かの意思決定の際，地域社会及び住民の選択権が保証されなければならないし，地元自治体・住民の交渉力が担保されなければならない。リスクが残るのであれば，南相馬市のように，その受け入れに際しての手続きに多大な費用がかかるのは当然である。川内村においては，帰還していない住民の関与の手立てが求められる。今後，汚染者である東京電力に対する損害賠償の先行きが不透明な中，予算制約によって除染の処理水準の切り下げ論が出てくることが予想される。その際，リスクを受け入れる可能性のある人々のより一層の関与と，そのための交渉力の確保が求められる。そして，長期的に原状回復を目指すための，若しくは一定のリスクを受け入れざるをえない場合の諸手続きのための，財源調達が求められる。

参考文献・資料

阿部泰隆［1997］「改正廃棄物処理法の全体的評価」，ジュリスト，No.1120，pp.6-15，有斐閣．
相沢渉［2005］『土壌・地下水汚染の情報公開50のポイント』，工業調査会．
秋田県［2013］能代産業廃棄物処理センターに係る特定支障除去等事業実施計画書．
青森県［2013］青森・岩手県境不法投棄事案に係る特定支障除去等事業実施計画書．
淺木洋祐［2006］「拡大生産者責任と汚染者負担原則の関係性についての一考察」，環境情報科学，35-1，pp.63-75，環境情報科学センター．
浅見輝男［2001］『データで示す日本土壌の有害金属汚染』，アグネ技術センター．
安藤精一［1992］『近世公害史の研究』，吉川弘文館．
淡路剛久［1981］「クロム禍訴訟と因果関係」，判例時報 臨時増刊，Dec，No.1017，pp.7-12，日本評論社．
馬場孝一・川本敏［1976］「環境政策と汚染者負担原則（PPP）」，日本経済政策学会年報，No.24，pp.103-108．
Beck, U［1986］RISKOGESSELLSCHAFT *Auf dem Weg in eine andere Modern*, Suhrkamp Verlag（東廉・伊藤美登里訳［1998］『危険社会』，法政大学出版会）．
Bennet, P.［1999］Understanding responses to risk: Some basic findings. In P. Bennett, & K. Calman (Eds.), *Risk Communication and Public Health*, Oxford University Press.
Bestor, T［2004］*Tsukiji: The Fish Market at the Center of the World*, The Regents of the University of California（和波雅子・福岡伸一訳［2007］『築地』，木楽舎）．
Braunson, V.［2011］Stimulating the Future of Superfund, *Sustainable Development Law and Policy*, Vol.11: Iss.1, Article 12, p.27.
Calabresi, G［1970］*The Cost of Accidents: A legal and Econmic Analysis*, Yale University Press（小林秀文訳［1993］『事故の費用―法と経済学による分析―』，信山社出版）．
中央環境審議会［2008］今後の土壌汚染対策の在り方について（答申），環境省ホームページ http://www.env.go.jp/council/toshin/t1005-h2001.pdf（2011年10月）．
―――［2009］今後の土壌汚染対策の在り方について〜土壌汚染対策法の一部を改正する法律の施行に向けて〜（答申）．
中央環境審議会土壌農薬部会 土壌汚染技術基準等専門委員会［2006］油汚染対策ガイドライン―鉱油類を含む土壌に起因する油臭・油膜問題への土地所有者等による対応の考え方―．
中央環境審議会土壌農薬部会（第21回）議事録［2007］．

―――（第 23 回）議事録 [2008].
―――（第 24 回）議事録 [2009].
―――（第 25 回）議事録 [2009].
―――（第 26 回）議事録 [2010].
中央区 [2000]築地市場現在地再整備促進基礎調査報告書.
Coase, R. H. [1988] *The Firm, The Market and The Law*, University of Chicago（宮沢健一・後藤晃・藤垣芳文訳 [1992]『企業・市場・法』, 東洋経済新報社）.
Colborn, T. Dumanoski, D Myers, J. P. [1996] *Our Stolen Future*, Dutton（長尾力訳 [1997]『奪われし未来』, 翔泳社）.
土井淑平・小出裕章 [2001]『人形峠ウラン鉱害裁判 核のゴミのあと始末を求めて』, 批評社.
土壌環境センター [2000] わが国における土壌汚染対策費用の推定.
土壌環境施策に関するあり方懇談会（第 1 回）議事録 [2008].
―――（第 2 回）議事録 [2008].
―――（第 3 回）議事録 [2008].
―――（第 4 回）議事録 [2008].
―――（第 5 回）議事録 [2008].
―――（第 6 回）議事録 [2009].
―――（第 7 回）議事録 [2009].
―――（第 8 回）議事録 [2009].
土壌の含有量リスク評価検討会 [2001]「土壌の含有量リスク評価検討会報告書 土壌の直接摂取によるリスク評価等について」, 環境省ホームページ　http://www.env.go.jp/water/report/h13-01/（2010 年 8 月）.
土壌汚染対策研究会 [2010]『改正法対応　Q&A129 土壌汚染対策法と企業の対応―事業者のための紛争対応・リスクコミュニケーションガイド―』,（社）産業環境管理協会.
土壌汚染をめぐるブラウンフィールド対策手法検討調査検討会 [2008] 土壌汚染をめぐるブランフィールド問題の実態等について 中間とりまとめ.
EPA（U.S.）[1998] *About the Community Advisory Group Toolkit; A Summary of the Tools.*
――― [2003] *Considerations in Risk Communication A Digest of Risk Communication as a Risk Management Tool.*
――― [2005] *Superfund Community Involvement Handbook.*
深津功二 [2010]『土壌汚染の法務』, 民事法研究会.
福井県 [2013] 敦賀市民間最終処分場に係る定支障除去等事業実施計画.
福岡県 [2009] 福岡県宮若市（旧若宮町）における産業廃棄物不法投棄事案に係る特定支障除去等事業実施計画.
福島県除染対策課 [2012] 除染対策事業交付金に係る市町村除染地域における除

染実施状況（平成 24 年 8 月 23 日）.
─── ［2013］市町村除染地域における除染実施状況（平成 25 年 2 月 21 日）.
双葉郡川内村［2012］川内村除染実施計画《第 2 版》.
古市徹・西則雄編著［2009］『不法投棄のない循環型社会づくり─不法投棄対策のアーカイブス化─』, 環境新聞社.
Graham, J. D. and Wiener, J. B. edit ［1995］ *Risk vs. Risk*, Harvard University Press（菅原努監訳［1998］『リスク対リスク─環境と健康のリスクを減らすために─』, 昭和堂）.
Gupta, S. Houtven, G. V. Cropper, M. ［1996］ Paying for permanence: an economic analysis of EPA's cleanup dicision at Superfund sites, *RAND Jounal of Economics*, Vol. 27, No. 3, Autumn, pp. 563-582.
浜田宏一［1977］『損害賠償の経済分析』, 東京大学出版会.
Hamilton, J. T. and Viscusi, W. K. ［1999］ How Costly is "Clean"? An Analysis of the Benefits and Costs of Superfund Site Remediations, *Journal of Policy Analysis and Management*, Vol. 18, No. 1, pp. 2-27.
畑明郎［1994］『イタイイタイ病─発生源対策 22 年のあゆみ─』, 実教出版.
─── ［1997］『金属産業の技術と公害』, アグネ技術センター.
─── ［2001］『土壌・地下水汚染 - 広がる重金属汚染』, 有斐閣.
─── ［2004］『拡大する土壌・地下水汚染─土壌汚染対策法と汚染の現実─』, 世界思想社.
─── ［2008］「築地市場移転先・東京ガス豊洲工場跡地の土壌汚染」, 科学, Vo. 78, No. 2, pp. 185-187, 岩波書店.
畑明郎・杉本裕明編［2009］『廃棄物列島・日本─深刻化する廃棄物問題と政策提言─』, 世界思想社.
畑明郎［2009］「『豊洲新市場予定地の土壌汚染対策工事に関する技術会議報告書』について」, 消費者リポート, No. 1433, 日本消費者連盟.
─── ［2010］「築地市場の豊洲移転問題─深刻な土壌汚染, 不十分な調査・対策, 都市問題」, No. 101 (8), pp. 87-96, 東京市政調査会.
畑明郎編［2011］『深刻化する土壌汚染』, 世界思想社.
樋口壮太郎［2003］「最終処分場を廃止する」, 都市清掃, Vol. 56, No. 255, 全国土地清掃会議.
Hird, J. A. ［1993］ Environmental Policy and Equity: The Case of Superfund, *Journal of Policy Analysis and Management*, Spring, Vol. 2, No. 2, pp. 323-43.
広瀬研吉［2011］『わかりやすい原子力規制関係の法令の手引き』, 大成出版社.
細田衛士［2003］「拡大生産者責任の経済学」, 細田衛士・室田武編『岩波講座環境経済・政策学　第 7 巻　循環型社会の制度と政策』, pp. 103-130, 岩波書店.
平田健正ほか［2008］『土壌・地下水汚染の浄化および修復技術　浄化技術からリスク管理, 事業対策まで』, NTS.

石川禎昭［2002］『解説 ダイオキシン類対策特別措置法』，日報出版．
石原孝二［2004］「リスク分析と社会―リスク評価・マネジメント・コミュニケーションの倫理学―」，思想，No.963，pp.82-101，岩波書店．
石村善助［1960］『鉱業権の研究』，勁草書房．
岩手県［2013］岩手・青森県境不法投棄事案（岩手県エリア）における特定産業廃棄物に起因する支障の除去等の実施に関する計画．
香川県［2014］処理対象量の見直しについて，香川県ホームページ　http://www.pref.kagawa.jp/haitai/teshima/project/minaoshiH26.pdf（2014年9月）．
会計検査院［2013］会計検査院法第30条の2の規定に基づく報告書「東日本大震災に伴う原子力発電所の事故により放出された放射性物質による環境汚染に対する除染について」．
神戸秀彦［2009］「廃棄物処理法と産廃特措法の問題点と課題」，畑明郎・杉本裕明編［2009］『廃棄物列島・日本』，pp.204-220，世界思想社．
環境庁水質保全局水質管理課・土壌農薬課監修 平田健正編著［1996］『土壌・地下水汚染と対策』，日本環境測定分析協会．
環境省［2005a］三重県桑名市事案に係る「特定産業廃棄物に起因する支障の除去等に関する特別措置法第4条の規定に基づく実施計画（案）」に対する環境大臣の同意について，環境省ホームページ　http://www.env.go.jp/press/press.php?serial=5870（2014年9月）．
―――［2005b］新潟県上越市事案に係る「特定産業廃棄物に起因する支障の除去等に関する特別措置法第4条の規定に基づく実施計画（案）」に対する環境大臣の同意について，環境省ホームページ　http://www.env.go.jp/press/press.php?serial=5891（2014年9月）．
―――［2008］平成19年度農用地土壌汚染防止法の施行状況について，環境省ホームページ　http://www.env.go.jp/press/press.php?serial=10580（2010年9月）．
―――［2010a］水質汚濁防止法等の施行状況，環境省ホームページ　http://www.env.go.jp/water/impure/law_chosa.html（2010年9月）．
―――［2010b］平成21年度 ダイオキシン類に係る環境調査結果．
―――［2011］除染関係ガイドライン，平成23年12月，第1版．
―――［2012］除染関係Q&A（平成24年10月30日版）．
―――［2013］香川県豊島廃棄物等の処理にかかる実施計画の変更に対する特定産業廃棄物に起因する支障の除去等に関する特別措置法第4条第8項の規定に基づき準用する同条第4項の規定に基づく環境大臣の同意について（お知らせ），環境省ホームページ　http://www.env.go.jp/press/press.php?serial=16239（2014年9月）．
環境省環境管理局水環境部長［2003］土壌汚染対策法施行通知．
環境省 水・大気環境局［2009］平成19年度 土壌汚染対策法の施行状況及び土壌汚染調査・対策事例等に関する調査結果．

―――［2010a］平成 20 年度 土壌汚染対策法の施行状況及び土壌汚染調査・対策事例等に関する調査結果.
―――［2010b］平成 21 年度 農用地土壌汚染防止法の施行状況.
環境省・(財)日本環境協会［2004］土壌汚染対策法のしくみ.
Kapp, K. W.［1950］*The Social Cost of Private Enterprise*, Harvard University Press（篠原泰三訳［1959］『私的企業と社会的費用』，岩波書店）.
Kapp, K. W.［1975］Environmental Disruption and Social Costs（柴田徳衛・鈴木正俊訳［1975］『環境破壊と社会的費用』，岩波書店）.
鹿島建設［2005］コスモ石油豊島団地前給油所環境対策工事 その他土壌汚染部施工報告書.
柏市［2013］柏市除染実施計画（第二版） 平成 24 年 3 月（平成 25 年 4 月一部改訂）.
加藤一郎・森島昭夫・大塚直・柳憲一郎［1996］『土壌汚染と企業の責任』，有斐閣.
川名英之［1983］『ドキュメント クロム公害事件』，緑風出版.
川内村［2013］除染作業予定工程表（平成 25 年 2 月 26 日現在）.
Kenny, M. and White M.［2007］A Cost-Benefit Model for Evaluating Remediation Alternatives at Superfund Sites Incorporating the Value of Ecosystem Services, *Reclaiming the land: Rethinking superfund Institutions*, Method and Practice, Edited by Macey G. P. and Cannon J. Z., pp. 169-196, Springer.
Kiel, K. and Zabel, J.［2001］Estimating the Economic Benefits of Cleaning Up Superfund Sites: The Case of Woburn, Massachusetts, *Journal of Real Estate Finance and Economics*, Vol. 22, (2/3), pp. 163-184.
吉川肇子［1999］『リスク・コミュニケーション』，福村出版.
―――［2000］『リスクとつきあう』，有斐閣.
―――［2007］「リスク・コミュニケーション」，今田高俊編［2007］『リスク学入門 社会生活からみたリスク』，pp. 127-147，岩波書店.
吉川肇子編著［2009］『健康リスク・コミュニケーションの手引き』，ナカニシヤ出版.
木下冨雄［2008］「リスク・コミュニケーション再考―統合的リスク・コミュニケーションの構築に向けて（1）」，日本リスク研究学会誌，18 (2), pp. 3-22.
―――［2009］「リスク・コミュニケーション再考―統合的リスク・コミュニケーションの構築に向けて（2）」，日本リスク研究学会誌，19 (1), pp. 3-17.
―――［2009］「リスク・コミュニケーション再考―統合的リスク・コミュニケーションの構築に向けて（3）」，日本リスク研究学会誌，19 (3), pp. 3-24.
岸本充生［2007］「確率的生命価値（VSL）とは何か―その考え方と公的利用」，日本リスク研究学会誌，17 (2), pp. 29-38.
北区［2006a］北区豊島地区ダイオキシン類等健康調査報告書.

——— [2006b]対策計画の考え方.
——— [2007]豊島五丁目団地内・東豊島公園（南）東側の土壌汚染調査の結果報告について.
——— [2014a]平成 26 年度第 1 回東京都北区環境審議会議事要旨.
——— [2014b]公害防止事業費事業者負担法に基づく費用負担計画の考え方について.
——— [2014c]北区豊島五丁目地域ダイオキシン類土壌汚染対策事業に係る費用負担計画（平成 26 年 6 月 13 日区長決定）.
北区議会史編纂調査会［1994］『北区議会史 通史編』，東京都北区.
北区議会事務局［1975］東京都北区議会会議録定例会，昭和 50 年第 4 回，北区議会事務局.
北区子ども家庭部子育て支援課［2006］平成 17 年度「予算執行の実績報告」関係資料 健康福祉部・北区保健所・北区福祉事務所・子ども家庭部.
北区教育委員会事務局［2006］平成 17 年度「予算執行の実績報告」関係資料（北区教育委員会事務局）.
北区まちづくり部都市計画課［2006］平成 17 年度「予算執行の実績報告」関係資料（まちづくり部）.
——— [2007]平成 18 年度「予算執行の実績報告」関係資料（まちづくり部）.
北村善宣［2014］「総合判断説・再考」，環境管理，Vol.50, No.8, pp.4-10, 産業環境管理協会.
Knight, F. H. [1921] *Risk, Uncertainty and Profit,* Houghton Mifflin.（奥隈栄喜訳［1959］『危険，不確実性および利潤』，文雅堂銀行研究社）
小林傳司［2004］『誰が科学技術について考えるのか』，名古屋大学出版会.
神戸都市問題研究所［2006］『リスクコミュニケーションによる地域活力・地域共生社会の創造』，神戸都市問題研究所.
小林素子・土屋智子［2000］「科学技術のリスク認知に及ぼす情報環境の影響―専門家による情報提供の課題」，電力中央研究所研究報告，Y0009.
小出裕章［1989］「ラドンの危険性とウラン鉱山労働者」，技術と人間，Vol.18, No.4, April, pp.38-55, 技術と人間.
小島義雄・吉井道郎［1976］『黄色い恐怖― 6 価クロム禍物語』，一光社.
構想日本 最終処分場のあり方研究会［2004］「最終処分場の閉鎖・廃止後管理の課題から運用体系の構築へ」，資源環境対策，Vol.40, No.7, 環境コミュニケーションズ.
コスモ石油［2005］汚染拡散防止措置完了届出書.
久保田正亜・浅見輝男・南澤 究・土橋幸司［1995］「日本化学工業株式会社小松川工場跡地周辺の土壌等のクロム汚染」，人間と環境，Vol.21, No.1, pp.15-18, 日本環境学会.
桑原勇進［2003］「廃掃法改正の評価と今後の課題」，ジュリスト，No.1256, pp.

66-74, 有斐閣.
休廃止鉱山鉱害防止対策研究会［2010］休廃止鉱山鉱害防止事業の新たな方向性―国民経済的負担の軽減を目指して―（中間報告）.
松山市［2013］松山市菅沢町最終処分場不適正処理事案に係る特定支障除去等事業実施計画.
丸茂克美・本間勝・澤地塔一郎［2011］『土壌汚染リスクと土地取引―リスクコミュニケーションの考え方と実務対応』，プログレス．
三重県［2013］三重県桑名市源十郎新田地内産業廃棄物不法投棄事案に係る特定支障除去等事業実施計画.
――― ［2013］三重県桑名市五反田地内産業廃棄物不法投棄事案に係る特定支障除去等事業実施計画.
――― ［2013］三重県四日市市大矢知町・平津町地内産業廃棄物不適正処理事案に係る特定支障除去等事業実施計画.
――― ［2013］三重県四日市市内山町地内産業廃棄物不適正処理事案に係る特定支障除去等事業実施計画.
Mihalski, W.［1965］*Grundlegung eines operationalen Konzapts der "social costs"*, Tubingen: J. C. B. Mohr（尾上久雄・飯尾要訳［1969］『社会的費用論』，日本評論社）．
三国英実［2009］『卸売市場再編と築地市場移転問題』，農業・農協問題研究，No. 41，5月号，pp. 2-16.
南相馬市除染対策課［2012］南相馬市の除染状況について．
Mishan, E. J.［1986］*Economic Myths and the Mythology of Economics*, Harvester Press（都留重人・柴田徳衛・鈴木哲太郎訳［1987］『経済学の神話性』，ダイヤモンド社）．
宮本憲一［1976］『社会資本論〔改訂版〕』，有斐閣．
―――［2007］『環境経済学〔新版〕』，岩波書店．
森島義博・八巻淳［2009］『改正土壌汚染対策法と土地取引』，東洋経済新報社．
諸富徹［2002］「環境保全と費用負担原理」，寺西俊一・石弘光編［2002］『環境保全と公共政策（岩波講座 環境経済・政策学 第4巻）』，pp. 123-150，岩波書店．
村山武彦［2008］「環境リスクをめぐる地域レベルのコミュニケーションの取り組み―日米の事例を対象として」，人文社会科学研究，Vo. 38, March, pp. 67-83, 早稲田大学創造理工学部知財・産業社会政策領域・国際文化領域人文社会科学研究会．
永尾俊彦［2008］「築地市場の移転先から猛毒検出 石原都知事が行う「手抜き調査」の中身」，週刊金曜日，vol. 694, pp. 55-57, 金曜日．
内藤克彦［2002］「土壌汚染対策法について」，環境研究，No. 127，pp. 28-39，日立環境財団．
中西準子・蒲生昌志・岸本充生・宮本健一編［2003］『環境リスクマネジメントハ

ンドブック』, 朝倉書店.
中西準子 [2004]『環境リスク学 不安の海の羅針盤』, 日本評論社.
NHK [2000]「土地が売れない（土壌汚染）」, クローズアップ現代 2000年12月11日放送.
Nas, T. F. [1996] *Cost-Benefit Analysis: Theory and Application*, Saga Publications（萩原清子監訳 [2007]『費用・便益分析』, 勁草書房）.
National Research Council [1989] *Improving Risk Communication/Committee on Risk Perception and Communication*, The National Academy of Science（林裕造・関沢純監訳 [1997]『リスクコミュニケーション 前進への提言』, 化学工業日報社）.
(社)日本化学リスクコミュニケーション手法検討会・浦野紘平編著 [2001]『化学物質のリスクコミュニケーション手法ガイド』, ぎょうせい.
日本油脂 [2004] 土地利用の履歴等調査届出書.
——— [2005] 汚染拡散防止措置完了届出書.
日経コンストラクション [2009]「適材適所の新技術で工費387億円減 汚染状況で浄化方法を細かく変える 豊洲新市場予定地の土壌汚染対策」, 日経コンストラクション, No.468, pp.42-43, 日経BP社.
楡井久監 [2010]『美しい日本列島の修復と環境資源利用を目指して—単元調査法と地方分権の重要性—』, 環境新聞社.
西原道雄 [1981]「クロム禍訴訟一審判決における責任論」, 判例時報 臨時増刊, Dec, No.1017, pp.13-16, 日本評論社.
西村健一郎 [1981]「クロム禍訴訟第一審判決の意義」, 判例時報 臨時増刊, Dec, No.1017, 日本評論社, pp.2-6, 日本評論社.
土壌汚染技術士ネットワーク編著 [2009]『イラストでわかる土壌汚染』, 技報堂出版.
OECD [1972] Recommendation of the council on guiding princilpes concerning international economic aspects of environmental policies, in OECD [1975] *The Polluter Pays Principle, definition analysis implementation*.
——— [1975] *The Polluter Pays Principle, definition analysis implementation*, OECD, Paris.
——— [2000] *Extended Producer Responsibility-A Guidance Manual for Governments*（*OECD*）（大塚直・村上友里他邦訳 [2001]「拡大生産者責任に関するOECDガイダンスマニュアル（1），（2）」, 環境研究, No.121, pp.156-174, No.122, pp.104-119, 日立環境財団）.
岡敏弘 [2002]「政策評価における費用便益分析の意義と限界」, 会計検査研究, No.25（3）, pp.31-42, 会計検査院.
——— [2006]『環境経済学』, 岩波書店.
——— [2007]「環境リスク削減とその経済的影響」, 橘木俊詔編『リスク学入門2

―経済からみたリスク』,岩波書店.
―――［2007］「政策評価における確率的生命の価値の利用―その可能性と不必要性―」,日本リスク研究学会誌,17（2）,pp.47-55,日本リスク研究学会.
大塚直［1994a］「市街地土壌汚染浄化の費用負担（上）」,ジュリスト,No.1038,pp.72-77,有斐閣.
―――［1994b］「市街地土壌汚染浄化の費用負担（下）」,ジュリスト,No.1040,pp.95-105,有斐閣.
―――［1997］「産業廃棄物の事業者責任に関する法的問題」,ジュリスト,No.1120,有斐閣.
―――［2002］「スーパーファンド法をめぐる議論」,アメリカ法,2002（1）,pp.43-57,日米法学会.
―――［2008］「米国スーパーファンド法の現状と我が国の土壌汚染対策法の改正への提言」,自由と正義,Vol.59,No.11,日本弁護士連合会.
―――［2010］『環境法（第3版）』,有斐閣.
織朱實［2002］「汚染土壌のリスクマネジメントとリスクコミュニケーション―米国スーパーファンドプログラムにおけるリスクコミュニケーション促進のための諸制度を題材として」,環境情報科学,Vol.31,No.3,pp.33-39,環境情報科学センター.
尾崎宏和・一瀬寛・鉄田陽介・松島祐樹・河野冬樹・渡邉泉［2011］「東日本大震災との関連が疑われる鉱滓埋立地近傍の強アルカリ滲出水における高濃度クロム」,人間と環境,Vol.37,No.3,pp.18-22,日本環境学会.
小澤英明［2003］『土壌汚染対策法』,白揚社.
―――［2010］「日本における土壌汚染と法規制―過去および現在」,都市問題,vol.101,東京市政調査会.
Pigou A. C.［1932］*The Economics of Welfare*, 4th Edition, Macmillan（気賀健三・千種義人・鈴木諒一・福岡正夫・大熊一郎訳［1954］『厚生経済学』,東洋経済新報社）.
The Presidential/Congressional Commission on Risk Assessment and Risk Management［1997］*Framework for Environmental Health Risk Management, Final Report Volume 1*（佐藤雄也・山崎邦彦訳［1998］『環境リスク管理の新たな手法』,化学工業日報社）.
Probst, K. N., Fullerton, D., Litan, R. E., & Portney, P. R.［1995］*Footing the bill for Superfund cleanups: Who pays and how?*, Washington, DC: The Brookings Institution and Resources for the Future.
6価クロム法律問題研究会［1977］「6価クロム鉱さいによる市街地汚染土壌問題を汚染者負担の原則により解決する法的可能性の検討結果報告」,東京都公害局.
斉藤驍［1982］「職業ガンとクロム事件判決の意義」,法律時報,Mar,vol.54,No.656,pp.50-56,日本評論社.

齋藤勝裕監［2012］『東日本大震災後の放射性物質汚染対策―放射線の基礎から環境影響評価，除染技術とその取り組み―』，NTS.
坂井昭夫［1980］『公共経済学批判』，中央経済社.
坂巻幸雄［2008］「築地魚河岸――豊洲汚染地」，季論21，No.2，Autumn，pp.119-129，季論21編集委員会.
――――［2009］「豊洲埋立地の土壌汚染と地質特性―築地市場の移転問題に関連して―」，地学教育と科学運動，No.61，pp.25-32，地学団体研究会.
櫻井泰典［2001］「環境政策のアメリカ的ありかた―環境税の審議過程―」，渋谷博史・井村進哉・花崎正晴編，『アメリカ型経済社会の二面性』，pp.111-146，東大出版会.
産業技術総合研究所 化学物質リスク管理研究センター編［2005］『産総研シリーズ 化学物質のリスクの評価と管理―環境リスクという新しい概念―』，丸善.
佐藤進［1981］「本判決と労働行政」，判例時報 臨時増刊，Dec，No.1017，pp.28-33，日本評論社.
Schelling, T. C. [1968] The Life You Save May Be Your Own. In Problems, *Public Expenditure Analysis*, edited by S. B. Chase, Washington DC: Brooking Institution.
関耕平［2006］「不法投棄の『負の遺産』と財政負担―原状回復事業の実態分析―」，日本地方財政学会編，『持続可能な社会と地方財政』，pp.110-135，勁草書房.
――――［2011］「休廃止鉱山における鉱害防止事業の実態：費用負担問題を中心に」，畑明郎編［2011］『深刻化する土壌汚染』，pp.146-163，世界思想社.
関澤純編著［2003］『リスクコミュニケーションの最新動向を探る』，化学工業日報社.
社史編纂委員会［1969］『八十年史』，日産化学工業株式会社.
Shrader-Frechette, K. [1991] *Risk and Rationality*, University of California Press（松田毅監訳［2007］『環境リスクと合理的意思決定―市民参加の哲学』，昭和堂）.
滋賀県［2013］滋賀県栗東市旧産業廃棄物安定型最終処分場に係る特定支障除去等事業実施計画.
Slovic, P. [1987] Perception of Risk, *Science*, Vol.236, pp.280-285.
総理府編［1971］『公害白書 昭和46年版』，大蔵省印刷局.
末川博［1956］『農地の鉱害賠償』，日本評論社.
住友海上リスク総合研究所編，地層汚染診断・修復簡易化研究会著［1997］『土壌・地下水汚染と企業リスク』，化学工業日報社.
田尻宗昭［1980］『公害摘発最前線』，岩波書店.
高村ゆかり［2005］「国際環境法における予防原則の動態と機能」，国際法外交雑誌，Vol.104，No.3，pp.1-28，国際法学会.
武谷三男［1967］『安全性の考え方』，岩波新書
田中靖政［1982］『原子力の社会学』，電力新報社.

谷口武俊［2008］『シリーズ　環境リスクマネジメント　リスク意思決定論』，大阪大学出版会．
寺西俊一［1983］「公害・環境問題研究への一視角—いわゆる社会的費用論の批判と再構成をめぐって」，一橋論叢，Vol. 81，No. 4，pp. 681-688，日本評論社．
——— ［1984］「"社会的損失"問題と社会的費用論—（続）公害・環境問題研究への一視角」，一橋論叢，Vol. 91，No. 5，pp. 592-611，日本評論社．
——— ［1997］「〈環境コスト〉と費用負担問題」，環境と公害，Vol. 26，No. 4，pp. 2-8，岩波書店．
——— ［2002］「環境問題への社会的費用論アプローチ」，佐和隆光・植田和弘編，『岩波講座　環境経済・政策学第1巻，環境の経済理論』，3章，pp. 65-94，岩波書店．
トンボ鉛筆・都市再生機構東京都心支社［2005］豊島5・6丁目地区のダイオキシン類調査について（第3報）．
東海明宏・岸本充生・蒲生昌志［2009］『シリーズ　環境リスクマネジメント　環境リスク評価論，大阪大学出版会．
東京自治問題研究所「月刊東京」編集部編［1994］『21世紀の都市自治への教訓：証言・みのべ都政—日本を揺るがした自治体改革の先駆者たち』，教育史料出版会．
東京都［1997］豊洲・晴海開発整備計画—改定—．
東京都中央卸売市場［2013］第16回豊洲新市場予定地の土壌汚染対策工事に関する技術会議　説明資料．
東京都福祉保健局［2006］都における食品の安全に関するリスクコミュニケーションの充実に向けた考え方—東京都食品安全審議会答申—．
東京都環境保全局水質保全部土壌地下水対策室［1988］住民参加による日本化学工業クロム公害対策会議関連資料集Ⅷ．
東京都環境局［2006］北区豊島五丁目地域ダイオキシン類土壌汚染対策計画．
東京都環境局環境改善部有害化学物質改善課編［2003］東京都における化学物質に関するリスクコミュニケーションのあり方について（報告書）．
東京都環境審議会［2006］ダイオキシン類対策特別措置法第29条の規定による対策地域の指定について（答申）．
東京都環境審議会水質土壌部会［2006］東京都環境審議会水質土壌部会（第2回）議事録．
東京都公害局［1975］6価クロム汚染対策資料—経緯と対策の現状—．
——— ［1977］六価クロム鉱さいによる市街地汚染土壌問題を汚染者負担の原則による解決する法的可能性の検討結果報告．
——— ［1978］「6価クロム鉱さいによる土壌汚染対策報告書」に係る日本化学工業株式会社のいわゆる「当社見解」に対する「6価クロムによる土壌汚染対策専門委員会」意見．

―――［1979］鉱さい土壌処理工法の基本設計に基づく工事費積算．
東京都公害局規制部特殊公害課［1977］6価クロム鉱さいによる土壌汚染対策報告書．
東京都生活文化局都民広聴部編［1981］「住民参加による日本化学工業クロム公害対策会議」関連資料集Ⅳ．
―――［1982］「住民参加による日本化学工業クロム公害対策会議」関連資料集Ⅴ．
―――［1983］「住民参加による日本化学工業クロム公害対策会議」関連資料集Ⅵ．
―――［1986］「住民参加による日本化学工業クロム公害対策会議」関連資料集Ⅶ．
―――［1978］「住民参加による日本化学工業クロム公害対策会議」関連資料集．
―――［1979］「住民参加による日本化学工業クロム公害対策会議」関連資料集Ⅱ．
―――［1980］「住民参加による日本化学工業クロム公害対策会議」関連資料集Ⅲ．
利根川治夫他編［1979］『三井資本とイタイイタイ病』，大月書店．
都市基盤整備公団史刊行事務局編集［2004］『都市基盤整備公団史』，都市再生機構．
都市再生機構東日本支社［2005］追加調査の結果と対策工事の実施について（お知らせ）．
都市再生機構東京都心支社［2006］新田三丁目地区北区街路第5号線道路築造工事（第1回変更）工事費内訳明細書．
豊洲新市場予定地の土壌汚染対策工事に関する技術会議［2009］豊洲新市場予定地の土壌汚染対策工事に関する技術会議報告書．
豊洲新市場予定地における土壌汚染対策等に関する専門家会議［2008a］豊洲新市場予定地における土壌汚染対策等に関する専門家会議報告書．
―――［2008b］第6回豊洲新市場予定地における土壌汚染対策等に関する専門家会議議事録．
―――［2008c］第9回豊洲新市場予定地における土壌汚染対策等に関する専門家会議議事録．
通商産業省立地鉱害局総務課・鉱山課［1973］『金属鉱業等鉱害対策特別措置法の解説』，第一法規．
都留重人［1973］「PPPのねらいと問題点」，公害研究，Vol.3，No.1，pp.1-5，岩波書店．
植田和弘［1986］「アメリカの有害廃棄物政策―RCRAとSuperfund―」，公害研究，Vol.16，No.1，pp.49-59，岩波書店．
―――［1990］「スーパーファンド法の中間決算書―CERCLAからSARAへ―」，公害研究，Vol.19，No.4，pp.14-20，岩波書店．
―――［1995］「土壌・地下水汚染と費用負担」，日本地質学会環境地質研究委員会編，『地質環境と地球環境シリーズ② 地質汚染の責任』，7章，pp.147-158，東海大学出版会．
植田和弘・大塚直監修［2010］『環境リスク管理と予防原則―法学的・経済学的検

討』,有斐閣.
Viscusi, W. K. and Hamilton, J. T. [1999] Are Risk Regulators Rational? Evidence from Hazardous Waste Cleanup Decisions, *American Economic Review*, 89, pp. 1010-1027
Viscusi, W. K. [2003] The Value of a Statistical Life: A Critical Review of Market Estimates Throughout the World, *The Journal of Risk and Uncertainty*, 27:1, pp. 5-76.
山本明・大坪寛子・吉川肇子 [2004]「リスクおよび関連概念における定義の不一致に見る論点」,日本リスク研究学会誌,15,pp. 45-53,日本リスク研究学会.
山梨県 [2004] 須玉地日向処分場の支障の除去等の実施に関する計画書.
除本理史 [2007]『環境被害の責任と費用負担』,有斐閣.
吉村隆 [2003]『初歩から学ぶ土壌汚染と浄化技術 土壌汚染対策法に基づく調査と対策』,工業調査会.
吉田文和 [1980]「社会的費用論の批判的考察——宮本憲一氏とW・カップの所説を中心に——」,経済学研究(北海道大学).
─── [1980]『環境と技術の経済学』,青木書店.
─── [1989]『ハイテク汚染』,岩波新書.
─── [1998]『廃棄物と汚染の政治経済学』,岩波書店.
─── [2010]『環境経済学講義』,岩波書店.
吉田喜久雄・中西準子 [2006]『環境リスク解析入門[化学物質編]』,東京図書.
吉岡大忠 [1977]「廃棄物処理制度の改善について」,時の法令,No. 963,pp. 1-11,朝陽会.
財政調査会 [2013] 國の予算,大蔵財務協会.
─── [2014] 國の予算,大蔵財務協会.

あとがき

　本書は，私が大学院入学以来行ってきた，日本における市街地土壌汚染問題の処理水準と費用負担に関する研究の一応の総括である。2012年3月に一橋大学に提出した博士論文『市街地土壌汚染問題の政治経済学的分析』を加筆修正したものとなっている。

　本書は，第1章，第3章，第7章，第9章は全面的に書き下ろしとなっている。第2章，第4章，第5章，第6章，第8章，補章の初出は以下のとおりである。

第2章　佐藤克春［2012］「リスク評価論の政策利用の批判的検討——市街地土壌汚染を念頭に」，日本土地環境学会誌（日本土地環境学会），19，21-33頁．

第4章　佐藤克春［2006］「東京都六価クロム事件——日本における市街地土壌汚染処理のファースト・ケース」，人間と環境（日本環境学会誌），32 (2)，95-104頁．

第5章　Katsuharu Sato, Soil Contaminations in an Urban Area-The Progress of Voluntary Cleanup in Tokyo's 23 wards, 2006年11月, The 2nd East Asian Symposium on Environmental and Natural Resources Economics, Seoul. 佐藤克春［2007］「東京都23区における土壌汚染対策の現状」，環境経済・政策学会滋賀大学大会．

第6章　佐藤克春［2006］「東京都北区豊島5丁目団地のダイオキシン類汚染——市街地土壌汚染問題のケーススタディー」，日本の科学者（日本科学者会議），41 (5)，228-231頁．及び，佐藤克春［2007］「東京都23区の土壌汚染対策の実態——対策の『ギャップ』から見えてくるもの」，日本科学者会議公害環境問題研究委員会編『環境展望 Vol.5』（実教出版），121-142頁．

第8章　佐藤克春［2010］「改正土壌汚染対策法の批判的検討」，人間と環

境（日本環境学会誌），36（1），30-36頁.
補章　佐藤克春・阿部新［2013］「福島第1原発事故による土壌汚染の除染の現状──南相馬市・川内村における汚染状況重点調査地域の除染事例から」，環境経済・政策研究（環境経済・政策学会），6（2），54-59頁.

　本書につながる青年期前半の研究生活は，たくさんの方々のお力添えなしには成り立ちえなかった。さいごにお礼申し上げたい。
　まずお名前を挙げさせていただきたいのが，大学院の指導教官である寺西俊一先生（一橋大学）である。学部4年に寺西ゼミの門を叩いたとき，私の頭は社会科学の古典のドグマで埋まっていた。そんな私に寺西先生は「何のための環境政策研究か」と，常に厳しく問いかけてくださった。環境問題の現場が学問に問いかけているそのメッセージを読み取り，学問的な営為として陶冶していくことの重要性を学んだ。今後もご指導をいただければ幸甚である。また，畑明郎先生（元大阪市立大学），坂巻幸雄先生（元地質調査所）には，多くの土壌汚染の現地調査に同行させていただいた。イタイイタイ病に始まる日本の土壌汚染対策に，一貫して取り組んでこられたお二人からは，土壌汚染のメカニズムだけでなく，研究者としての現場への関わり方も学ばせていただいた。学部時代からお世話になっている米田貢先生（中央大学）は，私の学問の扉を開けてくださった恩師である。
　大学院での寺西ゼミでの先輩同輩の皆さんには大変お世話になった。鎮目志保子先生（日本大学），浅妻裕先生（北海学園大学），Denes Zoltan氏，平岩幸弘先生（大妻大学），野田浩二先生（東京経済大学），阿部新先生（山口大学），関耕平先生（島根大学）とは研究上の議論だけでなく，院生生活の喜びや悩みを共有し合った。また，平岩先生・野田先生・阿部先生・関先生からは，本書執筆にあたって貴重なコメントを頂いた。また，先輩研究者として山下英俊先生（一橋大学）には，博士論文執筆にあたって有益なコメントを頂いた。
　市街地土壌汚染問題は地域的な形で問題が顕在化するがゆえに，汚染地現地からのうったえは，とりわけ重要である。現地調査では多くの方々にインタビューや資料収集でお世話になった。全ての方のお名前を挙げることはできな

いが，中村まさ子氏（江東区議員），清水ひで子氏（東京都議員），福島宏紀氏（北区議員），小坂和輝氏（元中央区議員）には，とりわけお世話になった。

　また，個々のお名前を挙げることはできないが，一橋大学院生自治会や，日本科学者会議を通じて知り合った，異なる専門分野の院生仲間にも感謝申し上げる。社会に積極的にコミットしつつ研究する姿は，大変励みになった。

　本書の研究成果の一部は，以下の研究助成からの補助を受けている。2012年度クリタ水・環境科学振興財団「福島第1原発周辺自治体における土壌汚染の除染処理に向けた政策研究（助成番号24606）」（代表）。2012年度科学研究費補助金（研究活動スタート支援）「福島第1原発事故に伴う土壌汚染の除染処理水準と費用負担（課題番号24810007）」（代表）。2012年度住友財団環境研究助成「福島第1原発事故による土壌汚染の除染処理水準と費用負担（助成番号123037）」（代表）。2014年度科学研究費補助金（若手B）「除染水準と費用負担の自治体間比較研究（課題番号26870664）」（代表）。本書をふまえ，今後は除染研究に取り組む所存である。

　本書の出版にあたっては，科学研究費補助金（研究成果公開促進費，課題番号：265274）の補助も受けた。旬報社の田辺直正氏は，本助成金への応募の提案も含め，博士論文の出版を企画してくださった。氏の存在無しには本書は日の目を見ることが無かった。遅筆な私を叱咤激励してくださった氏に，深く感謝申し上げる。

　さいごに，友人・家族に感謝したい。地元砧の友人，学部時代の友人，阿佐ヶ谷あるぽらんの友人，そして家族は，私の論文執筆をいつも励まし，完成を心待ちにしてくれていた。特に祖母和子は，フラフラしていると見えかねない私の研究という仕事に対して，深く理解してくれた。研究という道を選んだのは，きっと祖母からの影響が大きかったのだと思う。

　本書及びそのもととなる博士論文は，有栖川公園の中にある東京都立中央図書館で執筆された。将来への不安を抱えながらも，トボトボと公園の階段を登り，図書館に通う日々であった。図書館は都市の文化の鏡と言われるが，ここ中央図書館は大都市東京に相応しい施設であった。東京都6価クロム事件にかかわった美濃部都政の下で，計画・建設されたというのも，何か縁を感じる。

本書の存在が，東京都をはじめとした日本の土壌汚染対策に少しでも資することになれば，これほど幸せなことはない。

 2015年初春の有栖川公園にて
佐 藤 克 春

著者紹介
佐藤 克春（さとう・かつはる）
1977年東京都生まれ。中央大学経済学部を卒業後，2012年3月に一橋大学大学院経済学研究科博士後期課程を修了。博士（経済学）。一橋大学大学院経済学研究科特任講師などを経て，現在，神奈川大学・フェリス女学院大学非常勤講師。専攻は環境経済学・環境政策論。論文に，「改正土壌汚染対策法の批判的検討」人間と環境（日本環境学会誌），36 (1)，(2010年)，共著作として「リスク評価論の政策利用の批判的検討——市街地土壌汚染を念頭に」日本科学者会議・日本環境学会編『予防原則・リスク論に関する研究』（本の泉社）（2013年）などがある。

市街地土壌汚染問題の政治経済学

2015年2月25日　初版第1刷発行

著　　者——佐藤克春
装　　丁——Boogie Design
発　行　者——木内洋育
編集担当——田辺直正
発　行　所——株式会社旬報社

　　　　〒112-0015　東京都文京区目白台2-14-13
　　　　電話（営業）03-3943-9911
　　　　http://www.junposha.com/

印刷・製本——シナノ印刷株式会社

©Katsuharu Sato 2015 Printed in Japan
ISBN 978-4-8451-1403-0